Weiße Wannen – technisch und juristisch immer wieder problematisch?

Tagungsband

Weiße Wannen – technisch und juristisch immer wieder problematisch?

Tagungsband

Veranstalter:
Deutscher Beton- und Bautechnik Verein E.V., Berlin

und

Fraunhofer-Informationszentrum Raum und Bau IRB, Stuttgart

Bibliografische Information Der Deutschen Nationalbibliothek
Die Deutsche Nationalbibliothek verzeichnet diese Publikation in der Deutschen Nationalbibliografie; detaillierte bibliografische Daten sind im Internet über <http://dnb.d-nb.de> abrufbar.
ISBN: 978-3-8167-8062-5

Weiße Wannen – technisch und juristisch immer wieder problematisch?
Tagungsband

Tagungstermin: 20. November 2009
Tagungsort: Köln
Kolping Hotel International

Veranstalter:
Deutscher Beton- und Bautechnik Verein E.V., Berlin
und
Fraunhofer-Informationszentrum Raum und Bau IRB, Stuttgart

Für den Druck des Buches wurde chlor- und säurefreies Papier verwendet.

Fraunhofer-Informationszentrum Raum und Bau IRB
Postfach 80 04 69, 70504 Stuttgart
Telefon 07 11 970-25 00
Telefax 07 11 970-25 08
E-Mail: irb@irb.fraunhofer.de
http://www.baufachinformation.de

Titelbild: aus Hohmann „Fugenabdichtung bei wasserundurchlässigen Bauwerken aus Beton. 2. Auflage“.

Vorwort

Wasserundurchlässige Bauwerke aus Beton bezeichnet man als »Weiße Wannen«. Ihre Planung und Ausführung sind in der zugehörigen DAfStb-Richtlinie geregelt und in der Fachliteratur beschrieben. Das klingt klar und eindeutig, aber treten bei dieser Bauweise nicht dennoch des Öfteren technische und juristische Probleme auf?
Die für manche Fachleute zunächst möglicherweise provokant klingende Ankündigung der Veranstaltung »Weiße Wannen – technisch und juristisch immer wieder problematisch« steht als Behauptung oder als Frage, je nachdem, welches Satzzeichen man an das Ende stellt. Kritiker und Befürworter könnten sich jeweils bestätigt sehen. Diese Fachtagung des Deutschen Beton- und Bautechnik-Vereins E. V. (DBV) und des Fraunhofer-Informationszentrums Raum und Bau IRB möchte mögliche Probleme hinterfragen und Lösungen aufzeigen. Aktuelle Fragen sind beispielsweise: Sind Risse, die sich durch Selbstheilung geschlossen haben, langfristig auch dicht? Ergeben sich wesentliche Unterschiede zwischen Weißen und Schwarzen Wannen? Spricht etwas dagegen, Weiße Wannen hochwertig zu nutzen? Kann man eine Weiße Wanne als trocken, wasserdicht, wasserundurchlässig, praktisch wasserdicht oder als absolut wasserdicht bezeichnen?
Die Richtlinie des DAfStb lässt mehrere Optionen zu. Welche Variante man am besten planen oder ausführen sollte, ist oft genug nicht hinreichend geklärt. In jedem Fall ist es wichtig, dass Einvernehmen zwischen den am Bau Beteiligten darüber erzielt wird, welche Art von Dichtigkeit zu welcher Zeit mit welchen Mitteln zu realisieren ist. Anerkannte Fachleute beantworten Fragen der hochwertigen Nutzung von Weißen Wannen, zu den Besonderheiten von Weißen Dächern und Decken, zu Weißen Wannen aus Halbfertigteilen und zu fachgerechten Fugenabdichtungen. Wie in den Beiträgen mit juristischem Hintergrund gezeigt wird, bleibt die bauliche Realisation in all diesen Punkten oft deutlich hinter der Theorie zurück.
Diese Veranstaltung richtet sich an Befürworter und Kritiker, an Bauherren, Investoren und Nutzer, an interessierte Juristen, an Architekten, Tragwerksplaner, Bauunternehmer und Bauüberwacher von wasserundurchlässigen Bauwerken aus Beton. Sie ist die dritte Tagungsreihe, die vom Deutschen Beton- und Bautechnik-Verein E. V. (DBV) und dem Fraunhofer-Informationszentrum Raum und Bau IRB ausgerichtet wird. Der DBV hat sich u. a. zum Ziel gesetzt, die wissenschaftlichen und technischen Grundlagen der (Beton-)Bautechnik zu fördern und ständig weiter zu entwickeln. Das Fraunhofer IRB ist die zentrale Informationseinrichtung zu allen Fragen des Planens und Bauens in Deutschland. Für beide Institutionen ist die Verbreitung von Fachwissen, Erfahrungen und Erkenntnissen durch Veranstaltungen und Veröffentlichungen ein wesentlicher Teil Ihrer Tätigkeiten. Beide Einrichtungen arbeiten seit vielen Jahren partnerschaftlich und erfolgreich zusammen. So ist es nach den Erfolgen der ersten beiden Veranstaltungsreihen »Wasser- und Feuchteschäden im Stahlbetonbau« und »Digitalmoderne in Sichtbeton« nur konsequent, die neue Fachtagung »Weiße Wannen – technisch und juristisch immer wieder problematisch?« wieder gemeinsam auszurichten.
Der Deutsche Beton- und Bautechnik-Verein E. V. und das Fraunhofer IRB möchten mit dieser Arbeitstagung einen Beitrag zur sachlichen Diskussion um die Vor- und Nachteile dieser anspruchsvollen Bauweise leisten. Nach unserem Selbstverständnis muss der Titel dieses Tagungsbandes »Weiße Wannen – technisch und juristisch immer wieder problematisch?« lauten, d. h. selbstverständlich mit einem Fragezeichen versehen sein. Alles andere wäre fachlich und wissenschaftlich nicht haltbar.

Stuttgart, Mai 2009
Dipl.-Ing. Thomas H. Morszeck
Institutsleiter
Fraunhofer Informationszentrum Raum und Bau

Dr.-Ing. Lars Meyer
Geschäftsführer
Deutscher Beton- und Bautechnik-Verein E.V.

Inhalt

Besondere Anforderungen an Weiße Wannen mit hochwertiger Nutzung

Dr.-Ing. Frank Fingerloos

Deutscher Beton- und Bautechnik-Verein E.V.

Vorbemerkung

Bei einer hochwertigen Nutzung von Räumen in Betonbauwerken, die durch Wasser von außen beansprucht werden (i. d. R. Bodenfeuchte bzw. Grundwasser), sind besondere Aspekte zu beachten. Diese Aspekte erhalten eine besondere Bedeutung mit der in der DAfStb-WU-Richtlinie [1] erstmalig definierten Nutzungsklasse A, die in dieser Form zunehmend Eingang in Bauverträge findet. Fehlt die Festlegung dieser Nutzungsklasse, sind die Anforderungen an die Baukonstruktion jeweils im Einzelnen vertraglich festzulegen.

Beim Bau hochwertig zu nutzender Räume in Untergeschossen ziehen die Gebrauchstauglichkeitsanforderungen an das Raumklima besondere Aufgaben in der Planung, Ausschreibung und Bauausführung nach sich. Die Qualität der interdisziplinären Kommunikation zwischen den Beteiligten (Bauherr, Architekt, Tragwerksplaner, TGA-Planer, Bauphysiker, Bauausführender) ist dabei von besonderer Bedeutung.

Der Deutsche Beton- und Bautechnik-Verein E.V. hat ein neues DBV-Merkblatt „Hochwertige Nutzung von Untergeschossen" [2] herausgegeben, welches sich mit den besonderen Anforderungen an hochwertig genutzte Bauwerke befasst und auf die notwendigen bauphysikalischen und raumklimatischen Maßnahmen eingeht. Die grundsätzlichen Aussagen zu Bauphysik und Raumklima gelten dabei für alle Räume in erd- und wasserberührten Untergeschossen unabhängig von der Abdichtungsart (z. B. Schwarze bzw. Weiße Wanne). Darüber hinaus wird im Merkblatt [2] auf die besonderen Anforderungen an Planung, Baukonstruktion und Ausführung der Weißen Wanne detailliert eingegangen (vgl. auch Hinweise in [3]). Die folgenden Ausführungen stützen sich überwiegend auf das neue DBV-Merkblatt [2].

1 Hochwertige Nutzung

1.1 Allgemeines

In der Entwurfsphase der Objektplanung ist mit dem Bauherrn zu klären, welche Nutzung über welchen Zeitraum mit welchen Anforderungen, z. B. an das Raumklima, in den Räumen der Untergeschosse sicherzustellen ist. Mit einer geotechnischen bzw. hydrologischen Beratung ist die Beanspruchung durch Grundwasser festzustellen. Danach sollte unter Hinzuziehung von Fachplanern die Entscheidung für eine Abdichtungsart getroffen werden.

In der Praxis werden überwiegend zwei Bauarten zur Abdichtung von Bauwerken im Grundwasser eingesetzt:

- **Schwarze Wanne**: Zur wasserbeanspruchten Seite hin hautförmig abgedichtete Bauwerke auf der Basis von Abdichtungsstoffen nach DIN 18195; meist aus (schwarzen) Bitumenwerkstoffen bestehend.
- **Weiße Wanne**: Begrenzung der Wasserdurchlässigkeit einer ohnehin für statische Zwecke vorgesehenen Betonkonstruktion durch besondere Maßnahmen in der Betontechnik, der Bewehrungswahl und der Ausbildung von Fugen und Bauteildurchdringungen derart, dass erforderliche Gebrauchseigenschaften nicht unzulässig beeinflusst werden.

Die genannten Bauarten sind schon seit vielen Jahren im Einsatz. Zu beiden Ausführungsarten liegen positive und negative Erfahrungen auch für hochwertig genutzte Räume vor, die sich nicht ohne Weiteres verallgemeinern lassen. Die Entscheidung für eine Bauart hängt für jedes einzelne Bauvorhaben von verschiedenen Randbedingungen ab, wie beispielsweise von den Nutzeranforderungen über die gesamte Lebensdauer der Immobilie, von der geologischen Lage und der Wasserbeanspruchung, vom Bauablauf, von wirtschaftlichen Erwägungen usw.

Einer der entscheidenden Vorteile einer Weißen Wanne ist die Möglichkeit, Fehlstellen nachträglich während der gesamten Lebensdauer der Immobilie zielsicher abdichten zu können, sofern die Zugänglichkeit der Wannenflächen sichergestellt wird. Häufig diskutiert werden Situationen, in denen die Innenoberfläche des außenseitig mit Druckwasser belasteten wasserundurchlässigen Bauwerks aus Beton mit mehr oder minder diffusionsdichten Schichten, Bekleidungen oder Bodenaufbauten abgedeckt ist oder innenseitig gedämmt ist.

Eine empirische Überprüfung an ausgeführten Objekten ergab, dass dauernd druckwasserbelastete WU-Bauwerke auch bei hochwertigen Raumnutzungen wenig problematisch sind. Der Bericht von *Oswald et. al.* [4] gibt einen Überblick über den Diskussionsstand, dokumentiert eine Reihe von untersuchten Objekten und gibt praktische Hinweise zu flankierenden Maßnahmen, zu den Ausbau-Schichtenfolgen und den Möglichkeiten zur Sicherstellung der Zugänglichkeit.

1.2 Anforderungen der Nutzungsklasse A

Die Anforderungen aus der Nutzungsklasse A werden in [1] folgendermaßen beschrieben:

> 5.3 (2) Für Bauwerke oder Bauteile der Nutzungsklasse A ist ein Feuchtetransport in flüssiger Form (Wasserdurchtritt durch den Beton, durch Fugen, Arbeitsfugen und Sollrissquerschnitte, durch Einbauteile und Risse) nicht zulässig, d. h. Feuchtstellen auf der Bauteiloberfläche als Folge von Wasserdurchtritt sind durch in der Planung vorgesehene Maßnahmen auszuschließen.
>
> 5.3 (3) Falls zusätzlich zu den Anforderungen des Absatzes 2 Bauteiloberflächen ohne Tauwasserbildung, trockenes Raumklima oder beides gefordert werden, müssen in der Planung entsprechende raumklimatische (z. B. Heizung, Lüftung zur Abführung der Baufeuchte) und bauphysikalische Maßnahmen (z. B. Wärmeschutz zur Vermeidung von Oberflächentauwasser) vorgesehen werden.

Bild 1: Beispiel hochwertige Nutzung A** oder A*** im WU-Keller – Archivraum (*Foto J. Dieckmann*)

Zunächst wird im DBV-Merkblatt „Hochwertige Nutzung" [2] eine **Unterteilung der Nutzungsklasse A** unabhängig von der Abdichtungsart in Unterklassen vorgeschlagen, die einen differenzierteren Bezug zwischen Anforderungen, Raumklima und technischen Maßnahmen herstellt (Tabelle 1). Die Unterklassen A* bis A*** decken die Räume nach [1], 5.3 (3) ab, die besondere Anforderungen an das Raumklima stellen (Beispiel in Bild 1). Für die Räume nach 5.3 (2) wird eine Basisklasse A0 vorgeschlagen.

Vor dem Hintergrund einer solchen Differenzierung kann dann die notwendige Kommunikation der Baubeteiligten erfolgen, die nicht nur zu einer klareren Formulierung der Bauaufgabe, sondern auch zu sicherer Planung und Kalkulation führen kann.

1.3 Nutzerverhalten

Das Verhalten der Nutzer bei besonderen Anforderungen an das Raumklima ist von entscheidender Bedeutung. Wichtig ist eine nutzungsgerechte Lüftung und Heizung der Räume. Der Feuchteeintrag durch Lüften bei hohen Außentemperaturen, Waschen, Wäschetrocknen, Sportausübung, Aquarienbetrieb, Kochen usw. kann zu Feuchte- und Schimmelpilzschäden führen, wenn diese Nutzungsarten unplanmäßig in großem Umfang auftreten. Die falsche Bedienung von Heizungs-, Lüftungs- und Klimaanlagen kann die planmäßige Funktion in Frage stellen.

Eine Nutzeranweisung als Anlage eines Kauf- bzw. Mietvertrages ist zu empfehlen. Darüber hinaus kann es sinnvoll sein, nutzerbedingte Einflüsse durch bautechnische und selbsttätig funktionierende raum-

Tabelle 1: Differenzierung der Nutzungsklasse A abhängig von raumklimatischen Anforderungen [2]

	1	2	3	4	5
	Klasse	**Raumnutzung**	**Raumklima**	**Beispiele (informativ)**	**Maßnahmen**[2)]
1	A***	**anspruchs-voll**	warm, sehr geringe Luftfeuchte, geringe Schwankungsbreite der Klimawerte	Archive, Bibliotheken, Technikräume mit feuchteempfindlichen Geräten (Labor, EDV usw.), Lager für stark feuchte- oder temperaturempfindliche Güter	Wärmedämmung EnEV, Heizung, Zwangslüftung, Klimaanlage (Luftentfeuchtung)
2	A**	**normal**	warm, geringe Luftfeuchte, mäßige Schwankungsbreite der Klimawerte	Räume für dauerhaften Aufenthalt von Menschen, wie Versammlungs-, Büro-, Wohn-, Aufenthalts- oder Umkleideräume, Verkaufsstätten; Lager für feuchteempfindliche Güter; Technikzentralen	Wärmedämmung EnEV, Heizung, Zwangslüftung, ggf. Klimaanlage
3	A*	**einfach**	warm bis kühl, natürliche Luftfeuchte, große Schwankungsbreite der Klimawerte	Räume für zeitweiligen Aufenthalt von wenigen Menschen; ausgebaute Kellerräume, wie Hobbyräume, Werkstätten, Waschküche im Einfamilienhaus, Wäschetrockenraum; Abstellräume	Wärmedämmung EnEV; ggf. ohne Heizung, natürliche Lüftung (Fenster, Lichtschächte, ggf. nutzerunabhängig)
4	A0[1)]	**unter-geordnet**	keine Anforderungen	einfache Technikräume (z. B. Hausanschlussraum)	–

1) entspricht der WU-Richtlinie [1], 5.3 (2), u. U. ist eine Einordnung in Nutzungsklasse B möglich
2) Baukonstruktive Anforderungen an Zugänglichkeit der umschließenden Bauteile sind immer zu beachten.

lufttechnische Anlagen weitgehend auszuschalten. Dies kann durch einfachste Systeme (Zwangslüftung über Fensterlüftungsschlitze) bis zu sensorgesteuerten Lüftungs- und Klimaanlagen reichen.

2 Bauphysik

2.1 Wärmehaushalt

Der Wärmehaushalt in einem Gebäude oder einem Gebäudeteil wird im Wesentlichen von Wärmequellen und -senken bestimmt und beeinflusst die raumklimatischen Bedingungen sowohl in Bezug auf die Raumtemperatur als auch die relative Luftfeuchtigkeit. Im Sommer und im Winter sollen dabei in der Regel die Raumtemperaturen über den Erdreichtemperaturen liegen.

Um im Rauminneren eine konstante Temperatur beizubehalten (z. B. 19 °C normal beheizt nach EnEV [6]), ist es grundsätzlich erforderlich, dem Raum kontinuierlich eine mehr oder weniger große Energiemenge zuzuführen. Die hochwertig genutzten Räume sind i. d. R. mindestens normal zu beheizen. Ausnahmen sind unbeheizte bzw. niedrig beheizte Räume (z. B. Archiv, Technikräume) oder Kühlräume.

Die Ermittlung der Heizlast erfolgt nach DIN EN 12831 [7] und der Kühllast nach VDI 2078 [8]. Auf diesen Grundlagen sind die raumklimatischen Maßnahmen zu planen.

2.2 Wärmeschutz

Die Energieeinsparverordnung 2007 [6] definiert in Anlage 3 Anforderungen bei Änderungen an Außen-

Tabelle 2: Höchstwerte der Wärmedurchgangskoeffizienten bei erstmaligem Einbau, Ersatz und Erneuerung von Bauteilen ([6], Anlage 3, Tabelle 1)

	1	2	3	4
	Bauteil	**Maßnahme**	**max. Wärmedurchgangskoeffizient U_{max}[1)] [W/(m²K)] für Gebäude mit Innentemperaturen**[2)]	
			normal	**niedrig**
1	Decken und Wände gegen unbeheizte Räume oder Erdreich	außenseitige Bekleidungen oder Verschalungen, Feuchtigkeitssperren oder Drainagen, Deckenbekleidungen auf der Kaltseite	0,40	keine Anforderung
2		Neubau, Ersatz, innenseitige Bekleidungen oder Verschalungen an Wänden, Dämmschichten	0,50	
3		Fußbodenaufbauten auf der beheizten Seite	0,50	

1) Wärmedurchgangskoeffizient des Bauteils unter Berücksichtigung der neuen und der vorhandenen Bauteilschichten.
2) Gebäude mit normalen Innentemperaturen sind Gebäude, die nach ihrem Verwendungszweck auf eine Innentemperatur von 19 °C und mehr und jährlich mehr als vier Monate beheizt werden. Gebäude mit niedrigen Innentemperaturen sind Gebäude, die nach ihrem Verwendungszweck auf eine Innentemperatur von mehr als 12 °C und weniger als 19 °C und jährlich mehr als vier Monate beheizt werden.

bauteilen bestehender Gebäude und bei Errichtung kleinerer Gebäude. Mit den Grenzwerten für die Wärmedurchgangskoeffizienten von Bauteilen wird eine bestimmte wärmeschutztechnische Qualität sichergestellt, um die Energieverluste und Wärmebrückeneffekte zu reduzieren. Böden, Decken und Wände, die an das Erdreich oder an unbeheizte Räume grenzen, sind bei einer Umwidmung der Räume in bestehenden Untergeschossen für hochwertige Nutzung mindestens so zu ertüchtigen, dass die Anforderungen nach Tabelle 2 erfüllt sind.

Für die Sicherstellung des hygienisch erforderlichen Mindestwärmeschutzes in Bezug auf Tauwasser- und Schimmelpilzfreiheit nach DIN 4108-2 [9] reichen i. d. R. auch höhere maximale Wärmedurchgangskoeffizienten aus.

Beheizte Räume der Nutzungsklasse A werden normalen Innentemperaturen zugeordnet. Die Wärmedämmung ist auch für den Schutz vor einem sommerlichen Tauwasserausfall an erdberührten, tendenziell kühleren Bauteilflächen in Untergeschossen i. d. R. erforderlich (Ausnahme: unbeheizte Räume mit Nutzungseinschränkungen). Bei einer Außentemperatur von Boden und Grundwasser von 8 °C bis 12 °C ist bei Einhaltung von U_{max} mit einer Oberflächentemperatur von 16 °C bis 17 °C zu rechnen, wenn die Raumtemperatur mit mindestens 19 °C gehalten wird. DIN 4108 Beiblatt 2 [10] enthält Beispiele für geeignete Ausführungen von Wärmebrücken.

Tabelle 3 stellt den Zusammenhang zwischen Dämmstoffdicken an Betonbauteilen mit einer Dicke von 240 mm zum Wärmedurchgangskoeffizienten U her. Andere Betonbauteildicken verändern den Wärmedurchgangskoeffizienten nur unwesentlich.

Die Wärmedämmung von Wänden und Bodenplatten sollte vorzugsweise durchgehend an der wasserberührten Außenseite angeordnet werden, um Wärmebrücken zu vermeiden (Bild 2 a). Ist dies nicht möglich (z. B. wegen zu hoher Auflasten, Bauablauf, Unzugänglichkeit, nachträgliche Umnutzung usw.), sind besondere baukonstruktive Maßnahmen bei Anordnung einer innenliegenden Wärmedämmung erforderlich (Bild 2 b).

Die Verwendung von WU-Leichtbeton als Wärmedämmung einer Weißen Wanne ist technisch nicht sinnvoll, da nur die innenliegende Betonrandzone sehr langsam austrocknet. Die Wärmeleitfähigkeit von nicht ausgetrocknetem Leichtbeton ist unwesentlich geringer als die von Normalbeton.

Tabelle 3: Dämmstoffdicken und Wärmedurchgangskoeffizienten *U*

	1	2	3	4	5	6
	Wärmedurch-gangskoeffizient	**Dämmstoffdicke in [mm]** 1) 2)				
	U [W / (m² · K)]	λ_R **= 0,030**	λ_R **= 0,035**	λ_R **= 0,040**	λ_R **= 0,045**	λ_R **= 0,050**
1	**0,40** 3)	**70 (75)**	**80 (85)**	**90 (100)**	**100 (115)**	**110 (125)**
2	**0,50** 4)	**50**	**60**	**70**	**80**	**85**
3	0,83 5)	30 (30)	35 (35)	40 (40)	45 (45)	50 (50)

1) angenommene Dicke WU-Bauteil h = 240 mm, Dämmstoffdicken auf 5 mm gerundet, Klammerwerte unter Berücksichtigung von ΔU = 0,04 W / (m² K) als Zuschlag infolge Wassereinlagerung (vgl. allgemeine bauaufsichtliche Zulassungen für Perimeterdämmungen aus EPS und PUR)
2) Rechenwert der Wärmeleitfähigkeit λ^R in [W / (m K)]
3) Empfehlung für außenliegende Wärmedämmung
4) Empfehlung für innenliegende Wärmedämmung
5) hygienisch erforderlicher Mindestwärmeschutz in Bezug auf Tauwasser- und Schimmelpilzfreiheit nach DIN 4108–2 [9] für Außenwände gegen Erdreich

Weitere Annahmen:
Wärmeübergangswiderstand innen R_{si} = 0,13 m² K / W (Wärmestrom horizontal durch Außenwände), R_{se} = 0
Wärmeleitfähigkeit Normalbeton: λ_R = 2,0 W / (m K)

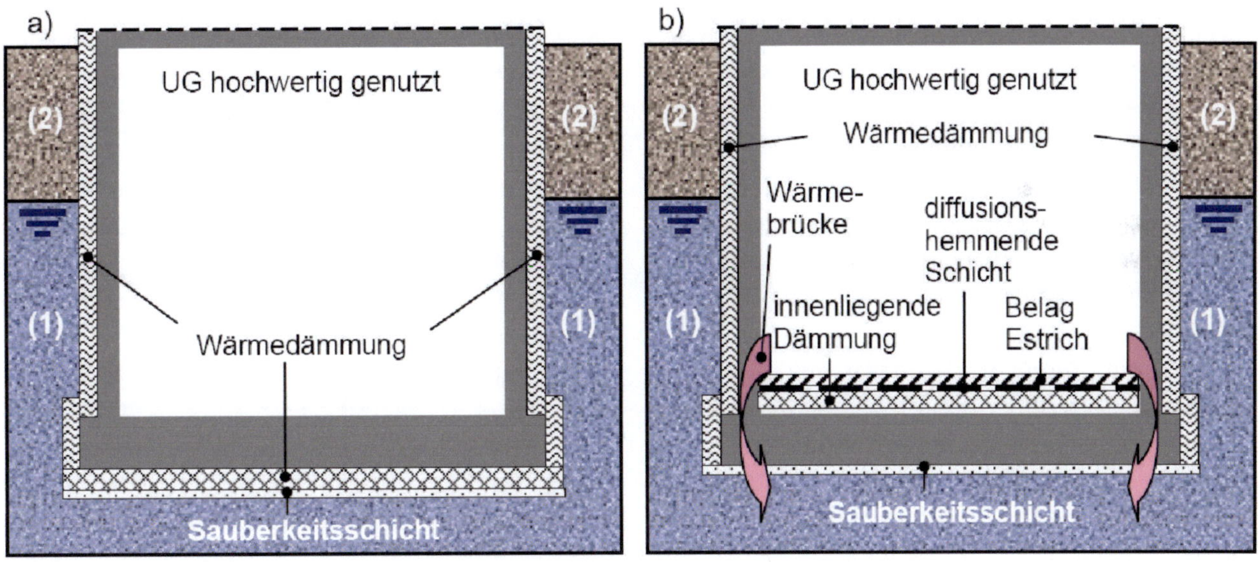

Bild 2: Wärmedämmung eines Untergeschosses für hochwertige Nutzung (Prinzip)
a) außenliegend optimal, ohne Wärmebrücken, b) innenliegend, mit Wärmebrücken

Hauptkritikpunkt bei innenliegenden Wärmedämmungen auf Weißen Wannen ist die Verdeckung ggf. wasserführender Risse. Dazu kommen bei Wechseln zwischen Innen- und Außendämmung die unvermeidbare Wärmebrücke sowie ein bei sehr ungünstigen Bedingungen (z. B. Lüftung bei warmen Sommergewittern) möglicher Tauwasserausfall hinter der Wärmedämmung.

Da die Boden-Grundwassertemperatur i. d. R. über +8 °C liegt, sind die Wärmebrücken im Bereich des Bodenplatten-Wandanschlusses allerdings nicht so kritisch wie im oberirdischen Bauwerksbereich. Die Wärmeverluste sollten durch einen Fachplaner für Bauphysik nachgewiesen werden. Der Baugrund bildet eine massereiche, wärmedämmende und –speichernde Bauteilumgebung, wobei eine starke Grund-

Tabelle 4: Geeignete Wärmedämmstoffe für Verwendung im Boden

	1	2	3	4
	Dämmstoff	**Produktnorm[1)]**	**Wärmeleitfähigkeit λ [W / (m · K)]**	**Druckfestigkeit [kN/m^2] [2)]**
1	Polystyrolpartikelschaum (EPS)	DIN EN 13163 [15]	0,035–0,040	10 bis 60
2	Polyurethan-Hartschaum (PUR)	DIN EN 13165 [16]	0,025–0,030	20 bis 30
3	Polystyrolextruderschaum (XPS)	DIN EN 13164 [17]	0,035–0,045	60 bis 250
4	Schaumglas (CG)	DIN EN 13167 [18]	0,040–0,060	160 bis 380

1) Die Anwendung als außenliegende Wärmedämmung im drückenden Wasser und unter lastabtragenden Bauteilen ist über allgemeine bauaufsichtliche Zulassungen (abZ) geregelt. Für EPS und PUR ist immer eine abZ als Perimeterdämmung erforderlich.

2) Zulässige Dauerdruckspannung bei 2 %-(tw. 5 %-)Stauchung. Der Hersteller gibt die Langzeitdruckfestigkeit in der Kodierung der europäischen Produktnorm an, z. B. CC (2/1,5/50)180 → Wärmedämmstoff wird unter einer dauernden Belastung von 180 kN/m^2 nach 50 Jahren um weniger als 2 % seiner Anfangsdicke gestaucht. Die Kriechverformung ist dabei kleiner als 1,5 %.

wasserströmung die Wärmespeicherung reduzieren bzw. verhindern kann. In DIN EN ISO 13788 [11] wird als vereinfachte Annahme für Wärmebrückenuntersuchungen eine Bodentemperatur von +10 °C angegeben. Mit zunehmender Entfernung von der luftberührten Erdoberfläche werden die Wärmeverluste erdberührter Bauteile geringer. Erdberührte Bodenplatten können daher geringer als Außenwände wärmegedämmt werden. In der Mittelzone besonders ausgedehnter Bodenplatten (Wandabstand > 5 m) ist ein hoher Dämmaufwand besonders ineffektiv ([9], [12]).

Die Anordnung der Wärmedämmung kann der Wärmestromverteilung angemessen angepasst werden [12]. Hinweise zu den Wärmestrombedingungen an erdberührten Bauteilen werden in DIN EN ISO 13370 [13] und DIN V 4108-6 [14], Tabelle 3 und Anhang E, gegeben.

Geeignete Wärmedämmstoffe müssen gegenüber den Einwirkungen aus Boden und Grundwasser beständig sein, ihre Dämmwirkung auch im Wasser behalten und eine ausreichende Druckfestigkeit und Steifigkeit aufweisen, um dem seitlichen Erddruck auf Wände bzw. dem Sohldruck unter Bodenplatten standhalten zu können (Tabelle 4).

2.3 Feuchtehaushalt

In Tabelle 5 werden Erfahrungswerte für Raumklimadaten angegeben, die bei hochwertiger Nutzung als übliche Anforderungen unabhängig von der Art der Abdichtung und Lage des Raumes (ober- oder unterirdisch) gelten können. Dementsprechend wird empfohlen, wie diese Räume den Nutzungsklassen zugeordnet werden können, wobei die relative Luftfeuchte primäres Kriterium ist. In der Praxis sind durchaus andere nutzerbezogene Zuordnungen möglich und zu vereinbaren.

In den Tabellen 6 und 7 werden für die Beurteilung des Feuchtehaushalts Schätzwerte für die Mengen des Feuchteeintrags gegeben. Anhand dieser Werte kann nachvollzogen werden, dass ausdiffundierendes Überschusswasser aus der Randzone von Betonkonstruktionen nach Beginn einer hochwertigen Nutzung (i. d. R. frühestens 3 Monate, besser 12 Monate nach Betonage) mit 2 bis 6 g/(m^{2}d) gegenüber den Feuchteemissionen aus der Nutzung selbst sehr gering ist. Vor Beginn der Nutzung muss die während der Bauzeit eingetragene Baufeuchte (Innenbauteile, Niederschläge, Restwasser) weitgehend abgetrocknet werden.

Untergeschosse sind häufig mit wenigen oder keinen Fenstern ausgestattet, sodass eine natürliche Belüftung nur eingeschränkt möglich ist und somit von einer verzögerten Austrocknung ausgegangen

Tabelle 5: Anhaltswerte der Temperatur und relativen Luftfeuchte und Empfehlung für Nutzungsklasse

	1	2	3	4
	Nutzungsklasse	**Bedingungen**	**Temperatur [°C]**	**Relative Luftfeuchte [%]**
1	A*	Nebenräume, Treppenhäuser	10 bis 15	50 bis 70
2		Wäschereien, Schwimmbäder	20 bis 25	80 bis 95
3	A**	Wohn- und Arbeitszimmer • im Sommerhalbjahr • im Winterhalbjahr	 20 (bis 26) 20	 50 bis 70 30 bis 55
4		Badezimmer	24	50 bis 100
5		Kaufhäuser	18	50 bis 70
6		Betriebe, Werkstätten	18	40 bis 50
7		Theater, Turnhallen	15 bis 20	50 bis 80
8	A***	Arztzimmer, Krankenhäuser	24	40 bis 60
9		Archive	16 bis 20	40 bis 50

Tabelle 6: Abschätzung der ausdiffundierenden Feuchtemengen durch die Austrocknung der luftseitigen Randzone von Betonbauteilen (aus [2])

	1	2	3	4
	Alter des Betons [Tage d]	**täglich austrocknende Feuchtigkeitsmenge [g / (m² · d)]** [1)]	**im Zeitraum**	**im Zeitraum austrocknende Feuchtigkeitsmenge [g / m²]** [2)]
1	8. bis 30.	16 bis 18	3 Wochen	≈ 400
2	31. bis 91.	8 bis 9	2 Monate	≈ 500
3	92. bis 183.	6 bis 7	3 Monate	≈ 550
4	184. bis 365.	4 bis 5	6 Monate	≈ 750
5	ab 365.	2	–	–

1) Gilt für üblich zusammengesetzte Betone mit Wasserzementwerten zwischen 0,50 und 0,60 bei Zementgehalten zwischen 300 kg/m³ bis 360 kg/m³.
2) Feuchtemenge ca. 2,5 l/m² im ersten Jahr, Durchschnittswerte bei 20 °C Lufttemperatur und 65 % rel. Luftfeuchte.

werden muss. Bei der Abschätzung der ausdiffundierenden Feuchtemenge nach Tabelle 6 ist darauf hinzuweisen, dass sich die Werte auf nicht abgedeckte Betonflächen beziehen. Sobald diffusionshemmende Schichten aufgebracht werden, wird die pro Zeiteinheit in den Raum eingetragene Feuchtemenge geringer und der Austrocknungszeitraum nimmt erheblich zu.

Die Auslegung der Lüftungs- bzw. Klimaanlagen zur Konditionierung der Raumluft kann auf den genannten Grundlagen zur Feuchteemission erfolgen.

Tabelle 7: Feuchteabgaben in Räumen bei einer Innentemperatur von 20 °C [19]

	1	2	3
	Emittent	**Quelle**	**Emission [g / h]**
1	Mensch	leichte Aktivität	30 bis 60
2		mittelschwere Arbeit	120 bis 200
3		schwere Arbeit	200 bis 300
4	Bad	Wannenbad	≈ 700
5		Duschen	≈ 2600
6	Küche	Koch- und Arbeitsvorgänge	600 bis 1200
7	Wäschetrocknen	4,5 kg geschleudert	50 bis 200
8		4,5 kg tropfnass	100 bis 500
9	Pflanzen	Blumen	5 bis 10
10		Wasserpflanzen	6 bis 8 (1 bis 5 [20])
11		Topfpflanzen	7 bis 15
12		mittelgroßer Gummibaum	10 bis 20
13	Wasseroberflächen	frei: Teich, Springbrunnen	≈ 40 g / (m^2 h)
14		abgedeckt: Aquarium	≈ 2 g / (m^2 h) [20]

2.4 Tauwasser

Der maximal aufnehmbare Wasserdampfgehalt nimmt mit der Lufttemperatur zu. Sinkt die Lufttemperatur unter eine Grenztemperatur, bei der die Luft 100 % relative Feuchte erreicht, kann die Luft ihre Feuchte nicht mehr im gasförmigen Zustand halten. Dabei schlägt sich Wasser an Oberflächen nieder, die eine Temperatur unterhalb der Taupunkttemperatur haben (z. B. im Bereich von Wärmebrücken).

Tauwasserprobleme sind i. d. R. bei erdberührten Bauteilen nicht zu erwarten, da wegen der Bodentemperaturen ≥ 10 °C die Bauteiloberflächentemperaturen im Inneren, insbesondere mit der empfohlenen Wärmedämmung nach Tabelle 3, ausreichend hoch sind. Erfahrungen zeigen, dass auch bei schlechterer Wärmedämmung (z. B. im Bestand), Tauwasserausfall unwahrscheinlich ist, wenn bei stationären Bedingungen (ständige Beheizung, keine starke Grundwasserströmung), der erdberührte Baukörper in einer „Wärmeblase" eingehüllt ist [12].

Die größte, kurzzeitige Tauwassergefahr besteht für im Sommer unbeheizte Räume in Untergeschossen, wenn warme Außenluft mit hoher relativer Luftfeuchte (z. B. nach einem Sommergewitter) durch Lüften auf die tendenziell kühleren Raumumschließungsflächen gelangen kann. Schäden können i. d. R. vermieden werden, wenn die kurzzeitig angefallene Tauwassermenge kurzfristig abtrocknen kann (z. B. ausreichendes Nachlüften in kühleren Nachtstunden).

Es kann nicht nur durch Tauwasserausfall selbst zu Bauschäden kommen, sondern auch durch Schimmelpilzbildung. Die Feuchtegrenze, unterhalb der kein Wachstum von Schimmelpilzen auf Materialien stattfindet, liegt bei optimaler Temperatur und bei in Innenräumen i. d. R. ausreichendem Nährstoffangebot bei ca. 70 % relativer Luftfeuchte an der Oberfläche. Bei einer relativen Luftfeuchte von 80 % an der Oberfläche sind die Wachstumsbedingungen für fast alle innenraumrelevanten Schimmelpilzarten erreicht. Bei noch höheren Oberflächenfeuchten können alle Schimmelpilzarten sowie Bakterien wachsen [20].

Um eine Erwärmung der Außenwände zu ermöglichen, sollten volumenbildende Möbel oder Ausbauelemente nicht an erdberührten Außenwänden, insbesondere nicht an Wandecken, aufgestellt werden. Lässt sich dies nicht vermeiden, wird empfohlen, diese Elemente mit mindestens 50 mm Abstand zur erdberührten Außenwand (bei schlecht gedämmten Wänden zur Außenluft besser 100 mm [20]) und mit entsprechender offener Aufständerung anzuordnen, um eine Luftzirkulation zu ermöglichen.

3 Raumklimatisierung

3.1 Grundlagen der Klimatisierung

Der Behaglichkeitsbereich ist der Bereich, in dem sich der Mensch am wohlsten fühlt. Dieser Wohlfühlzustand ist außer von der Kleidung und dem Aktivitätsgrad (Grad der körperlichen Belastung) im Wesentlichen von vier Faktoren abhängig:

- Luft- bzw. Raumtemperatur
- Luft bzw. Raumluftfeuchte
- Luftbewegung im Raum
- Temperatur der Umschließungsflächen.

Im Bild 3 ist das Behaglichkeitsfeld für Temperatur und relative Feuchte dargestellt. Das innere Feld stellt den Bereich dar, in dessen Grenzen der Mensch bei leichter sitzender Tätigkeit (Büroarbeit) die Umgebung als behaglich empfindet. Das äußere Feld gibt den Bereich an, in welchem sich der Mensch noch behaglich fühlt. Außerhalb dieser Bereiche wird die Umgebung als zu feucht oder zu trocken empfunden.

Für Räume, bei denen die funktionale Nutzung im Vordergrund steht, wie spezielle Lagerräume, Produktionsstätten, Technikräume usw., sind andere Kriterien für die Raumluftbedingungen maßgebend, als für Räume, die vorwiegend dem Aufenthalt von Menschen dienen. Die Bedingungen wie Raumtemperatur, Luftfeuchte usw. sind im Einzelfall mit dem Bauherrn bzw. Nutzern oder Planern abzustimmen.

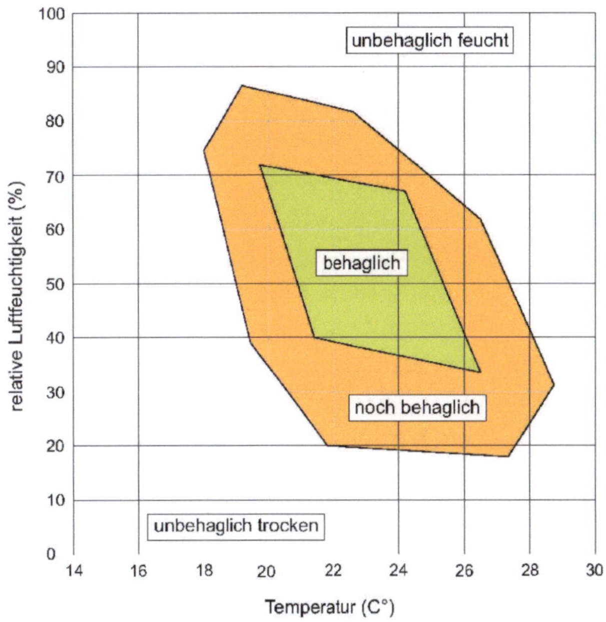

Bild 3: Behaglichkeitsfeld beim Menschen für Temperatur und relative Feuchte [19]

3.2 Heizung

Ob ein Raum beheizt wird oder nicht, ist von der jeweiligen Art der Nutzung abhängig. Für Räume, die zum ständigen Aufenthalt von Menschen bestimmt sind (keine Produktionsstätten mit hohen Wärmelasten wie Gießereien usw.) ist die Beheizung gesetzlich vorgeschrieben. Untergeschosse mit hochwertiger Nutzung sollten generell beheizt werden (ggf. auch im Sommer!). Die jeweilige Art der Beheizung und die Raumtemperatur muss individuell auf den Raum abgestimmt und den baulichen Gegebenheiten angepasst werden.

3.3 Lüftung / Be- und Entfeuchtung

Die einfachste Art und Weise zur Lüftung von Räumen ist die **natürliche (freie) Lüftung** über Fenster, Schächte oder Schlitze. Unter natürlicher Lüftung versteht man den Luftwechsel, der durch Ausnutzung des natürlichen Auftriebs der Luft bei Temperaturunterschieden oder durch Windkräfte hervorgerufen wird. Die natürliche Lüftung ist nur bis zu einer gewissen Raumgröße und –tiefe möglich, darüber hinaus muss der Luftaustausch über mechanische Lüftungsanlagen sichergestellt werden.

Durch bauliche Gegebenheiten wie Raumgröße, -tiefe und -höhe, innenliegender Raum ohne Fenster sowie hohe Kühl- und Wärmelasten, bestimmte Komfortansprüche oder gesetzliche Vorschriften wird bestimmt, ob und wie ein Raum mechanisch zu be- und entlüften ist. Durch Ventilatoren und Anlagenkomponenten zur Luftbehandlung, wie Filter, Erhitzer, Kühler, Befeuchter wird in einem Raum ein definiter Luftwechsel und Raumluftzustand erreicht.

Die **Klimatisierung** geht über die reine Lüftung hinaus und stellt eine höherwertige und komfortablere Art zur Einhaltung von Raumluftparametern dar. Beim Vorgang der **Entfeuchtung** von Raumluft wird diese abgekühlt um durch Kondensatausfall die absolute Luftfeuchtigkeit zu senken. Um Raumluft Feuchte zuzuführen muss Wasser verdunstet werden. Möglichkeiten hierfür sind die feine Zerstäubung, Verdampfung oder die freie Verdunstung durch die adiabatische **Befeuchtung**, wobei Gewebe befeuchtet und von Raumluft durchströmt wird.

Bei einer Umnutzung sind Anforderung und Qualität der ursprünglichen und der zukünftigen Nutzung der Räumlichkeiten abzugleichen und bei höherwertiger Anforderung ist die raumklimatische Ausstattung der Räume entsprechend aufzustocken (vgl. Tabelle 1). Demnach kommen Räume der Nutzungsklassen A^0 und A* mit natürlicher Lüftung aus, A** und A*** benötigen i. d. R. mechanische Lüftungsanlagen, ggf. sogar mit Entfeuchtungsfunktion.

4 Wasserundurchlässige Betonkonstruktionen

4.1 WU-Beton

Der **Feuchtetransport** durch einen **Beton mit einem hohen Wassereindringwiderstand** und die aus dem Beton abgegebenen Feuchtemengen sind grundsätzlich geklärt ([21], [22], [23]). Der luftseitige Feuchteaustritt in der Nutzungsphase ist für ungerissene Bauteile in Nutzungsklasse A vernachlässigbar gering (nach ausreichender Abtrocknung des Überschusswassers, vgl. Abschnitt 2.3). In diesem Zusammenhang sei auch auf das DAfStb-Heft 555 „Erläuterungen zur DAfStb-Richtlinie „Wasserundurchlässige Bauwerke aus Beton“ [5] und insbesondere auf das dort beschriebene Arbeitsmodell für Feuchtebedingungen in einem ungerissenen Betonquerschnitt verwiesen.

Bild 4: Calciumcarbonatfahne nach Selbstheilung

4.2 Risse

Ein Wasserdurchtritt durch WU-Konstruktionen kann nur durch Trennrisse, Störungen im Betongefüge oder undichte Fugen oder Durchdringungen auftreten. Entstehen in WU-Bauteilen mit einseitiger Wasserbeaufschlagung **Trennrisse**, die (noch) nicht infolge Selbstheilung geschlossen sind, so können diese größere Wassermengen führen [24]. Der Wasserdurchtritt wird im Wesentlichen beeinflusst durch

- Rissbreite
- Bauteildicke (Rissverzweigung)
- Rauigkeit der Rissufer
- Höhe der Wassersäule.

Unter **Selbstheilung** wird die Abnahme des Durchflusses in den Trennrissen verstanden. Hierbei wird Calciumcarbonat infolge Reaktion der im Beton vorhandenen Calcium-Ionen mit den im Wasser geführten Carbonat-Ionen gebildet (Bild 4). In vielen Fällen liegen die erforderlichen Ausgangsstoffe vor. Ausnahmen bilden Wässer mit kalklösender Kohlensäure > 40 mg/l CO_2 und einem ph-Wert < 5,5, weil diese Calciumcarbonat abbauen. Die Selbstheilung kann eine praktisch vollständige Abdichtung eines Trennrisses bewirken. Aber auch die Bildung feuchter Flecken oder womöglich das Ablaufen von Wasser in flüssiger Form kann nicht zuverlässig ausgeschlossen werden.

Auf die Begrenzung der Rissbreiten mit anschließender Selbstheilung kann in der Regel nur dann gesetzt werden, wenn der Bauablauf eine frühzeitige Überprüfung ihrer Wirksamkeit zulässt. Es muss also sichergestellt sein, dass die WU-Bauteile mit dem maßgebenden Wasserdruck – zum Beispiel durch Abschalten einer Wasserhaltung – ausgesetzt werden, bevor

- Wasserzutritt im Gebäude zu Schäden führen kann
- betroffene Bauteile infolge fortschreitenden Ausbaus nicht mehr frei zugänglich sind
- die Nutzung des Gebäudes begonnen hat.

Das für Nutzungsklasse A geeignete **Konzept, Trennrisse zielsicher zu vermeiden**, ist äußerst anspruchsvoll und setzt einen sehr hohen Aufwand an Planung und Koordination in Konstruktion, Betontechnik und Bauausführung voraus. Es erfordert vertiefte Kenntnisse und zudem Erfahrungen im Umgang mit WU-Bauwerken. Vor allem Betontechnik, Bauteilart sowie klimatische Randbedingungen während Bauzeit und Nutzung entscheiden über den Erfolg einer Rissvermeidungsstrategie. Ausführliche Hinweise zum Konzept der Trennrissvermeidung sind im DAfStb-Heft 555 [5] und zur Reduzierung der Rissbildung in Stahlbetonbauwerken im DBV-Merkblatt „Begrenzung der Rissbildung im Stahlbeton- und Spannbetonbau“ [25] enthalten.

Die **Injektion von Rissen** mit geeignetem Füllgut führt zur zuverlässigen Abdichtung von Rissen. Dabei kann ein hydraulisch bindender Füllstoff (Zementsuspension) mit begrenzt kraftschlüssiger oder ein Polyurethanharz mit begrenzt dehnfähiger Wirkung verwendet werden. Für WU-Bauwerke mit hochwertiger Nutzung kann alternativ eine rissbreitenbegrenzende Bewehrung zur Sicherstellung von Rissbreiten angeordnet werden, die die Dauerhaftigkeit nach DIN 1045-1 sicherstellt und auf das Konzept der Rissinjektion vor Nutzungsbeginn abgestimmt ist (siehe WU-Richtlinie [1], Entwurfsgrundsatz C). Es ist kein akzeptables Konzept, nur auf Rissverpressung oder Selbstheilung zu setzen, wenn neue Risse oder Rissbreitenänderungen auch nach Nutzungsbeginn auftreten können. Die WU-Richtlinie [1] verlangt in Abschnitt 7 (5) für jeden Fall eine vorsorgliche, planmäßige Festlegung von nachträglichen Dichtungsmaßnahmen.

4.3 Bauteildicken

Die **Mindestdicken** der Betonbauteile sind so zu wählen, dass die Bauteile unter Beachtung der Betondeckung, der erforderlichen Bewehrungslagen, Fugenabdichtungen und Einbauteile fachgerecht betoniert werden können und dass die tragende und die dichtende Funktion zusätzlich zu allen anderen geforderten Eigenschaften erfüllt werden können (siehe auch DBV-Merkblatt „Betonierbarkeit von Bauteilen aus Beton und Stahlbeton“ [26]).

Die empfohlenen Erfahrungswerte für Mindestbauteildicken der WU-Richtlinie [1], Tabelle 1, reichen bei sorgfältiger Bauausführung für hochwertig genutzte Bauwerke aus. Zu beachten sind dabei u. a. die besonderen WU-Betonanforderungen. Größere Bauteildicken lassen in Bezug auf die Bauausführung robustere Konstruktionen erwarten. Es ist daher empfehlenswert, die Mindestbauteildicken bei anspruchsvoller Nutzung A*** unter Beanspruchungsklasse 1 größer zu wählen.

4.4 Fugen

→ siehe Beitrag in diesem Tagungsband:
Hohmann, R.: Fugenabdichtungen für Weiße Wannen – richtig geplant und fachgerecht ausgeführt

5 Besondere Anforderungen an Betonkonstruktionen

5.1 Grundsätze

Oberster Grundsatz sollte sein, bei Beanspruchungsklasse 1 die Zugänglichkeit der Bauteile der Weißen Wanne auch in der späteren Nutzungsphase zu ermöglichen, um bei ggf. späteren Wasserdurchtritten diese frühzeitig zu erkennen und Abdichtungsmaßnahmen einleiten zu können. Der Aufwand zur Sicherstellung der Zugänglichkeit muss dabei verhältnismäßig sein. Das Verhältnis zwischen Kosten einer

Mängelbeseitigung und der Herstellung der Zugänglichkeit (z. B. durch Abbruch und Neuaufbau von Fußböden) muss im Einzelfall bewertet werden.

Werden bei Beanspruchungsklasse 1 innenliegende Bodenaufbauten oder Wandbekleidungen bei wasserundurchlässigen Betonkonstruktionen geplant oder ist die Zugänglichkeit der Betonoberfläche durch Komponenten der Technischen Gebäudeausrüstung ausgeschlossen, sollten Maßnahmen ergriffen werden, die Rissbildung infolge spät auftretendem Zwang möglichst auszuschließen. Da später Zwang häufig durch starke Temperaturänderung während der Nutzung entsteht, ist insbesondere eine möglichst gleichmäßige Temperierung der Bauteile nach Einbau der Boden- oder Wandaufbauten bzw. der TGA-Komponenten anzustreben.

Werden Boden- oder Wandaufbauten aus feuchteempfindlichen Baustoffen (z. B. Gips- oder Holzbaustoffen) vorgesehen, können diese erst dann aufgebaut werden, wenn ein Wasserdurchtritt durch die Weiße Wanne ausgeschlossen werden kann. Darüber hinaus ist es besonders wichtig, dass die Betonoberflächen ausreichend ausgetrocknet sind. Der Austrocknungsprozess hängt von Luftzirkulation, Lufttemperatur und relativer Luftfeuchte ab. Allgemein kann empfohlen werden, so spät wie möglich Betonbauteile zu verkleiden oder besondere Maßnahmen zur Austrocknung zu treffen.

Bei Anordnung innenliegender Wärmedämmungen sind mögliche Wärmebrücken beim Übergang von innenliegender zu außenliegender Wärmedämmung zu beachten. Wärmebrücken können zu deutlich niedrigeren raumseitigen Oberflächentemperaturen und damit zu Tauwasserausfall, Schimmelbildung und zu erhöhten Transmissionswärmeverlusten führen. Im tiefliegenden Übergangsbereich Bodenplatte-Wand ist dies in der Regel wegen der Bodentemperaturen über 10 °C unkritisch. Im oberirdischen Übergangsbereich eines dem Außenklima ausgesetzten Sockels ist die Tauwassergefahr größer und die Wärmebrücke sollte nach DIN 4108-2 [9] nachgewiesen bzw. ausgeführt werden. Die in DIN 4108, Beiblatt 2 [10] aufgeführten konstruktiven, form- und stoffbedingten Wärmebrücken sind ausreichend wärmegedämmt und brauchen nicht gesondert nachgewiesen werden.

5.2 Bodenaufbauten

Werden bei Beanspruchungsklasse 1 schwimmende Bodenaufbauten oder Bodenaufbauten auf Trennlage oder auf einer Abdichtung mit Bitumenwerkstoffen nach DIN 18195-4 [27] geplant, ist es nicht ausreichend, in der WU-Konstruktion Trennrisse durch den Entwurfsgrundsatz „Trennrisse begrenzen“ auf eine Rissbreite zu begrenzen, die eine Selbstheilung der Risse ermöglicht. Die Selbstheilung kann in diesem Fall wegen des fehlenden Luftzutritts unter dem schwimmenden Estrich nicht erfolgreich

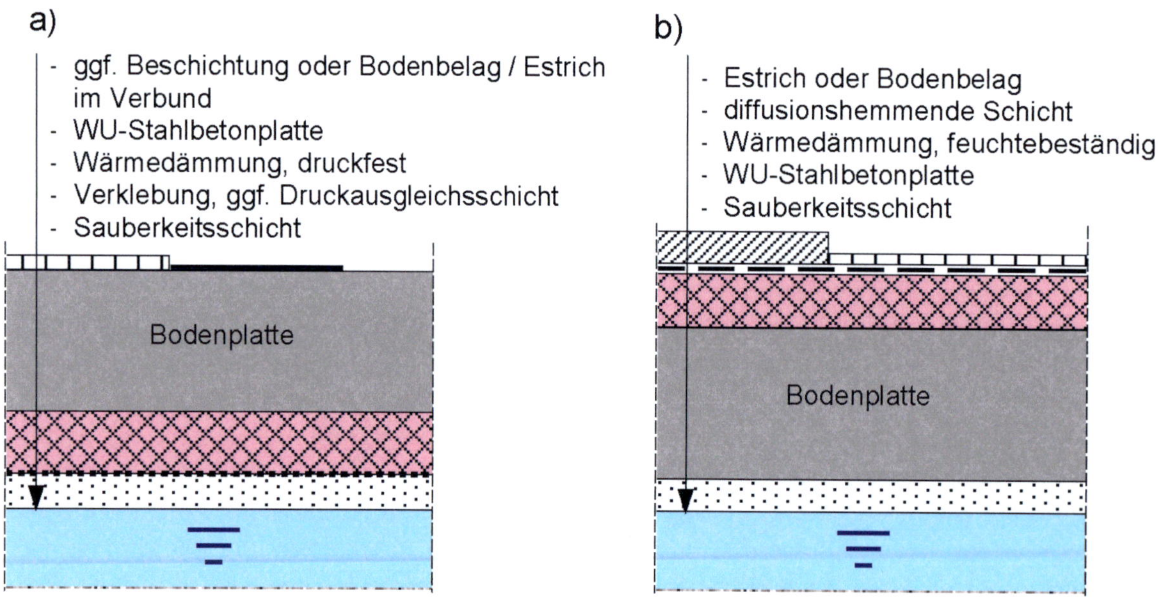

Bild 5: Beispiele für Regelaufbau Boden bei Weißer Wanne, Bkl. 1 (aus [2])
a) Wärmedämmung außen, b) Wärmedämmung innen (Wasserdurchtritt durch Risse unzulässig)

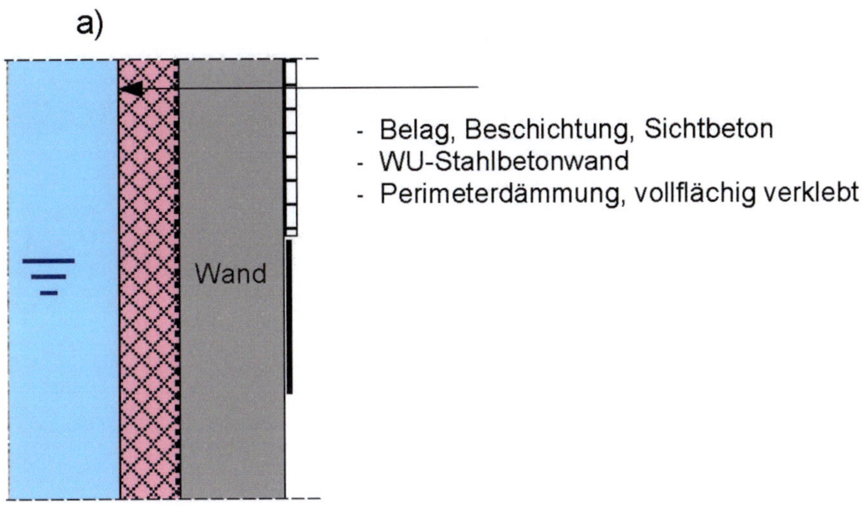

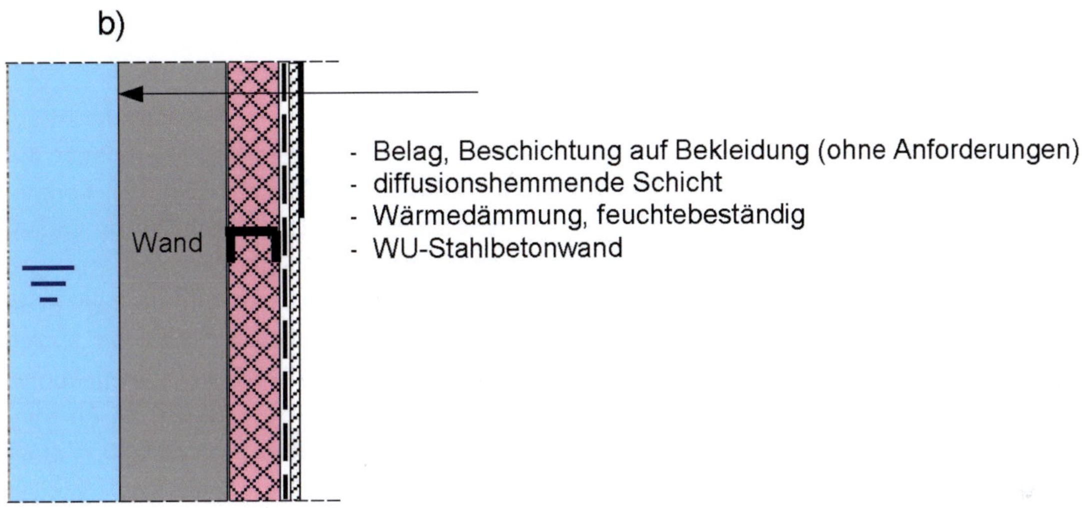

Bild 6: Beispiele für Regelaufbau Wand bei Weißer Wanne, Bkl. 1 (aus [2])

a) Wärmedämmung außen,

b) Wärmedämmung innen (Wasserdurchtritt durch Risse unzulässig)

sein. Die beschriebenen Bodenaufbauten wären nur dann möglich, wenn sichergestellt ist, dass zum Zeitpunkt des Einbaus der Bodenaufbauten die Selbstheilung erfolgt ist und die Risse zu einem späteren Zeitpunkt nicht erneut wasserführend sein können.

Beispiele für Regelaufbauten für Bodenplatten zeigt Bild 5. Außenliegende Wärmedämmung sollte bevorzugt werden. Die Dämmplatten können in eine druckausgleichende und lagesichernde Bitumendickschicht verlegt werden, die in Beanspruchungsklasse 1 ein mögliches Hinterströmen durch Wasser verhindert. Eine Kombination mit diffusionsoffenen Bodenbelägen ist zu empfehlen, um die Feuchtespeicherkapazität der Bodenoberfläche ausnutzen zu können und den Austrocknungsprozess (Baufeuchte) nicht zu behindern.

Liegt die Wärmedämmung innen, sollte durch eine diffusionshemmende Schicht der Zutritt feuchtehaltiger Luft durch die diffusionsoffene Wärmedämmung an die kühle Bodenplatte zur Vermeidung von Tauwasserausfall behindert werden.

Bei Beanspruchungsklasse 1 und sehr großen Bodenplatten oder Nutzungsklassen A** bzw. A*** sind Bodenaufbauten zu empfehlen, die die Zugänglichkeit oder Kontrolle der Oberfläche während der Nutzung ermöglichen.

Verbundestriche oder vergleichbare Verbundsysteme (z. B. starre Oberflächenschutzsysteme), die einen dauerhaften Verbund zum Untergrund aufweisen, sind geeignete Bodenaufbauten auf Weißen Wannen. Im Falle einer späteren Rissöffnung oder einer Entstehung von neuen Rissen ist durchtretendes Wasser erkennbar und die Risse können nachträglich dauerhaft durch Injektion abgedichtet werden. Als Oberflächenschutzsysteme sind dampfdiffusionsoffene oder dampfdiffusionsdichte Beschichtungen geeignet, die für eine rückwärtige Feuchtebeanspruchung geeignet (geprüft) sind. Die Auswahl

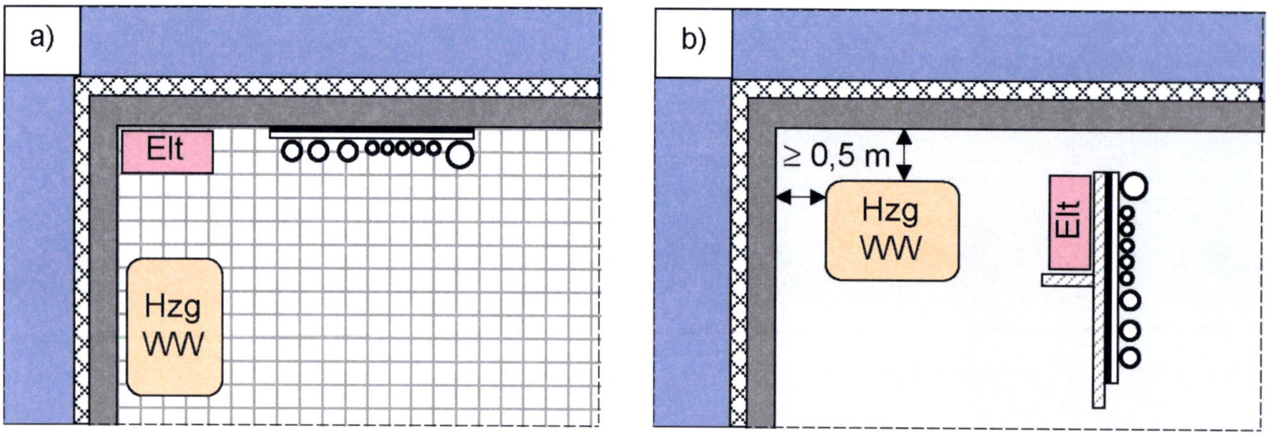

Bild 7: Anordnung von TGA-Komponenten (Grundrissausschnitt)

a) ungünstig: Zugänglichkeit WU-Konstruktion für Inspektion und Rissverfüllung eingeschränkt

b) günstig: Zugänglichkeit WU-Konstruktion für Inspektion und Rissverfüllung optimal

der Beschichtung kann in Bezug auf die mechanische Beanspruchung der Beschichtung erfolgen.

5.3 Wandbekleidungen

Beispiele für einen Regelaufbau für Außenwände werden in Bild 6 dargestellt. Von der innenseitigen Anordnung dampfdiffusionsdichter Beschichtungen auf außenseitig gedämmten Wänden wird abgeraten, da die Feuchtespeicherkapazität der Wandoberfläche damit ungenutzt bleibt.

Innenliegende Bekleidungen auf WU-Wänden sollten so konstruiert werden, dass sie leicht demontabel sind und aus feuchteunempfindlichen Baustoffen bestehen, um das nachträgliche Freilegen und Verfüllen von wasserführenden Rissen zu ermöglichen. Sie sollten so angebracht werden, dass keinerlei Hohlräume zwischen den einzelnen Schichten verbleiben. Von einer „natürlichen" Hinterlüftung ist abzuraten, da die Luftkonvektion nicht ausreicht, etwaig ausgefallenes Tauwasser abzulüften. Verputzte Wandflächen sind ebenfalls geeignet, da sich Rissortung und Rissverfüllung einfach realisieren lassen.

5.4 TGA-Komponenten

Komponenten der Technischen Gebäudeausstattung sollten bei WU-Betonkonstruktionen, bei denen ein späterer Wasserdurchtritt nicht ausgeschlossen werden kann, so geplant werden, dass eine nachträgliche Zugänglichkeit der Außenwände von innen mit zumutbarem Aufwand möglich ist. Die TGA-Komponenten sollten auch eine Zugänglichkeit der Bodenplatte ermöglichen.

Zweckmäßig ist es, die TGA-Komponenten so weit vor der Wand aufzustellen, dass ein ausreichender Raum für die Durchführung von Injektionsarbeiten zur Verfügung steht (vgl. Bild 7). Als Mindestabstand für den Arbeitsraum wird 0,50 m empfohlen. Dies gilt sinngemäß auch für das Aufstellen der TGA-Komponenten auf einer Bodenplatte.

Literatur

[1] DAfStb-Richtlinie: Wasserundurchlässige Bauwerke aus Beton (WU-Richtlinie), Ausgabe 2003-11 und Berichtigung zur WU-Richtlinie, Ausgabe 2006-03. *www.dafstb.de.*

[2] DBV-Merkblatt: Hochwertige Nutzung von Untergeschossen, Fassung Januar 2009. *www.betonverein.de.*

[3] Lohmeyer, Ebeling: Weiße Wannen – einfach und sicher. Düsseldorf: Verlag Bau+Technik, 8. erweiterte und überarbeitete Auflage 2007.

[4] Oswald, R.; Wilmes, K.; Kottje, J.: Weiße Wannen – hochwertig genutzt, Wasserundurchlässige Betonbauteile im Druckwasser mit hochwertig genutzten Innenräumen. Praxisbewährung und Ausführungsempfehlungen zur Schichtenfolge und zu flankierenden Maßnahmen. Bauforschung für die Praxis Band 80, Stuttgart: Fraunhofer IRB Verlag, 2007.

[5] DAfStb-Heft 555: Erläuterungen zur DAfStb-Richtlinie Wasserundurchlässige Bauwerke aus Beton, Ausgabe 2006.

[6] Verordnung über energiesparenden Wärmeschutz und energiesparende Anlagentechnik bei Gebäuden (Energieeinsparverordnung – EnEV), Ausgabe 2007.

[7] DIN EN 12831: Heizungsanlagen in Gebäuden – Verfahren zur Berechnung der Norm-Heizlast:2003-08.

[8] VDI-Richtlinie 2078: Berechnung der Kühllast klimatisierter Räume (VDI-Kühllastregeln): 1996-07.

[9] DIN 4108-2: Wärmeschutz und Energie-Einsparung in Gebäuden – Teil 2: Mindestanforderungen an den Wärmeschutz:2003-07.

[10] DIN 4108, Beiblatt 2: Wärmeschutz und Energie-Einsparung in Gebäuden – Wärmebrücken – Planungs- und Ausführungsbeispiele:2006-03.

[11] DIN EN ISO 13788: Wärme- und feuchtetechnisches Verhalten von Bauteilen und Bauelementen – Raumseitige Oberflächentemperatur zur Vermeidung kritischer Oberflächenfeuchte und Tauwasserbildung im Bauteilinneren – Berechnungsverfahren:2001-11.

[12] Oswald, R.: Der Wärmeschutz erdberührter Bauteile. deutsche bauzeitung 140 (2006), Heft 7, S. 64-69.

[13] DIN EN ISO 13370: Wärmetechnisches Verhalten von Gebäuden – Wärmeübertragung über das Erdreich – Berechnungsverfahren:2008-04.

[14] DIN V 4108-6: Wärmeschutz und Energie-Einsparung in Gebäuden – Teil 6: Berechnung des Jahresheizwärme- und des Jahresheizenergiebedarfs:2003-06.

[15] DIN EN 13163: Wärmedämmstoffe für Gebäude – Werkmäßig hergestellte Produkte aus expandiertem Polystyrol (EPS) – Spezifikation: 2001-10 und Entwurf 2008-04.

[16] DIN EN 13165: Wärmedämmstoffe für Gebäude – Werkmäßig hergestellte Produkte aus Polyurethan-Hartschaum (PU) – Spezifikation: 2005-02 und Entwurf 2008-04.

[17] DIN EN 13164: Wärmedämmstoffe für Gebäude – Werkmäßig hergestellte Produkte aus extrudiertem Polystyrolschaum (XPS) – Spezifikation: 2001-10 und Entwurf 2008-04.

[18] DIN EN 13167: Wärmedämmstoffe für Gebäude – Werkmäßig hergestellte Produkte aus Schaumglas (CG) – Spezifikation: 2001-10 und Entwurf 2008-04.

[19] Sedlbauer, K.; Holm, A.; Leistner, Ph.; Breuer, K.: Der Mensch in Aufenthaltsräumen – Risiko oder Behaglichkeit? Gesundheitsingenieur 127 (2006), Heft 4, S. 179 ff.

[20] Umweltbundesamt, Innenraumlufthygienekommission „Leitfaden zur Ursachensuche und Sanierung bei Schimmelpilzwachstum in Innenräumen" („Schimmelpilzsanierungsleitfaden"), Umweltbundesamt 2005.

[21] Positionspapier des Deutschen Ausschusses für Stahlbeton zur DAfStb-Richtlinie: „Wasserundurchlässige Bauwerke aus Beton" – Feuchtetransport durch WU-Konstruktionen. Beton- und Stahlbetonbau 101 (2006), Heft 11, S. 923-925.

[22] Rucker, P.; Beddoe, R. E.: Transport von drückendem Wasser in Betonbauteilen. Beton- und Stahlbetonbau 102 (2007), Heft 7, S. 414-426.

[23] Schäper, M.; Kreye, J.: Kein kritischer Wasserdampfdurchtritt in WU-Betonkonstruktionen . Beton- und Stahlbetonbau 102 (2007), Heft 7, S. 427-438.

[24] Edvardsen, C. K.: Wasserdurchlässigkeit und Selbstheilung von Trennrissen in Beton, DAfStb-Heft 455, Beuth-Verlag, Berlin 1996.

[25] DBV-Merkblatt: Begrenzung der Rissbildung im Stahlbeton- und Spannbetonbau, Fassung Januar 2006.

[26] DBV-Merkblatt: Betonierbarkeit von Bauteilen aus Beton und Stahlbeton, überarbeitete Fassung 2004.

[27] DIN 18195-4: Bauwerksabdichtungen – Teil 4: Abdichtungen gegen Bodenfeuchte (Kapillarwasser, Haftwasser) und nichtstauendes Sickerwasser an Bodenplatten und Wänden, Bemessung und Ausführung:2000-08.

Autoreninformation:

Dr.-Ing. Frank Fingerloos (1961), Studium des Bauingenieurwesens und anschließend wissenschaftlicher Mitarbeiter an der Hochschule für Bauwesen Cottbus, Fachrichtung konstruktiver Ingenieurbau. 1990 Promotion zu einem Thema der nichtlinearen Berechnungsverfahren im Stahlbetonbau. Von 1990 bis 2000 in verschiedenen Bereichen der Technik bei der HOCHTIEF AG, seit 2000 beim Deutschen Beton- und Bautechnik-Verein E.V., seit 2008 Lehrbeauftragter der Technischen Universität Kaisers-lautern „Sonderkapitel des Massivbaus", ab 2009 Mitherausgeber des „Betonkalenders".

Dreifachwände (Elementwände) – Chancen und Risiken von Halbfertigteilen

Dipl.-Ing. Karsten Ebeling

1 Begriffe

Der Begriff der Dreifachwand wurde Anfang 1996 geprägt [Lohmeyer/Ebeling – 96]. Er steht für eine Bauweise, bestehend aus zwei Fertigteil-Elementplatten mit einem dazwischenliegenden Kernbeton. Die dünnen Fertigteil-Elementplatten bilden das Halbfertigteil und werden im Werk mit Gitterträgern zu einem Doppelelement verbunden. Auf der Baustelle wird der Raum zwischen den Elementplatten mit Ortbeton (Kernbeton) gefüllt, wodurch Elementplatten und Kernbeton zu einem monolithischen Wandquerschnitt verbunden werden.

In der Baupraxis werden für dieses Wandsystem unterschiedliche Begriffe verwendet:

- Doppelwand
- Gitterträgerwand
- Dreifachwand
- Elementwand
- Dreikammerwände
- »Hohlwand«.

2 Regelungen für Dreifachwände

Dreifachwände werden über allgemeine bauaufsichtliche Zulassungen des Deutschen Institutes für Bautechnik (DIBt) geregelt. Für ihre Anwendung beim Bau von Weißen Wannen sind zusätzlich die Anforderungen der WU-Richtlinie [DAfStb-WU – 03] einzuhalten. Ergänzungen dazu enthalten die Erläuterungen zur WU-Richtlinie im Heft 555 des Deutschen Ausschusses für Stahlbeton DAfStb [DAfStb-H555–06]. Weitere Hinweise und Empfehlungen sind der Fachliteratur zu entnehmen. Beispiele dazu werden im Abschnitt 7 genannt.

3 Unterschiede Ortbeton – Dreifachwand

Die Bauweise der Dreifachwand benötigt keine Schalung. Somit entfallen umfangreiche Tätigkeiten rund um eine Schalung:

- das Kaufen oder Mieten von Schalungen
- das Ein- und Ausschalen des Betonbauteils
- sowie Reinigungsarbeiten der Schalung.

Weiterhin ergeben sich auf der Baustelle üblicherweise auch keine Bewehrungsarbeiten für dieses Wandsystem. Die erforderliche statische Bewehrung ist in der Regel in den Fertigteilelementen integriert. Ein weiterer Unterschied zu Ortbetonwänden besteht darin, dass bei üblichen Wandgeometrien eine Rissbreiten begrenzende Bewehrung für den Lastfall »Abfließen der Hydratationswärme« nicht notwendig ist. Als abzudichtende Fugen entstehen in der Regel nur die waagerechte Arbeitsfuge zwischen Sohlplatte und Wand sowie die lotrechten Stoßfugen zwischen benachbarten Wandelementen. »Übliche« Arbeitsfugen wie bei einer Ortbetonwand entfallen.

Auch die Nachbehandlungsmaßnahmen unterscheiden sich bei Dreifachwänden gegenüber denen der klassischen Ortbetonbauweise. Bei »normalen« Witterungsverhältnissen wird der Kernbeton durch die Fertigteilwandplatten vor direkter Austrocknung, z.B. durch Windeinwirkung, geschützt. Bei heißer Witterung sind jedoch Abdeckungen im Wandkopfbereich sinnvoll, z.B. durch feuchte Jutetücher. Bei intensiver Sonneneinstrahlung können die Wandflächen durch Wässern vor übermäßiger Aufheizung geschützt werden.

Bei Frost (Temperaturen unter 0 °C) ist ein Vornässen und Betonieren ohne sehr aufwändige Maßnahmen baupraktisch nicht möglich. Nach dem Betonieren bestehen bei sehr kühlen Witterungsverhältnissen, z.B. Nachtfrost, Einschränkungen wie bei Ortbetonwänden. Bei Temperaturen unter 0 °C sind auch Dreifachwände nach dem Betonieren gegen zu starkes Abkühlen und Frosteinwirkungen zu schützen.

Bei Anwendung von Dreifachwänden ist die Geometrie nicht so variabel wie bei Ortbetonwänden, da bei Dreifachwänden jeder Richtungswechsel im Wandverlauf Stoßfugen der Elementplatten erfordert.

4 Chancen der Dreifachwand

4.1 Bauweise zur Vermeidung von Trennrissen

Erdberührte Bauteile sollen heute vielfach eine hochwertige Nutzung der umschlossenen Räume ermöglichen und zwar unabhängig davon, ob das Bauwerk einer Wasserbeanspruchung ausgesetzt ist oder nicht. Das Bauen im drückenden Wasser ist dabei stets eine anspruchsvolle und besondere Herausforderung. Insbesondere sind wasserführende Trennrisse bei Bauwerken dieser Nutzung von Anfang an unzulässig. Diese Anforderung war auch bereits vor der Festlegung in Regelwerken eine wesentliche Planungsaufgabe, auch wenn sie von einigen Planern fälschlicherweise nicht angewendet wurde. Seit Erscheinen der WU-Richtlinie [DAfStb-WU – 03] sind diese Erfordernisse über Nutzungsklassen (A für Druckwasser, B für Feuchte) eindeutig und für jeden erkennbar geregelt. In Tabelle 1 sind die Anforderungen aufgeführt.

Während die Nutzungsklasse B eine begrenzte Feuchte (z. B. Feuchtestellen mit Dunkelverfärbungen, ggf. auch Wasserperlenbildung) zulässt, erfordert die Nutzungsklasse A stets eine Bauweise, bei der Trennrisse vermieden oder zusätzlich durch planerisch vorgegebene Dichtmaßnahmen abgedichtet werden müssen.

Hier haben die Dreifachwände klare Vorteile gegenüber Ortbetonwänden. Bei geeigneten Längen-/Höhenverhältnissen entspricht ihre Anwendung der Bauweise zur Vermeidung von Trennrissen. Gemäß den Erläuterungen zur WU-Richtlinie [DAfStb-H555–06] werden bei Wänden mit weitgehender Volleinspannung oder nahezu ohne Krümmungsbehinderung sowie bei üblichen Bodenplattendicken mit $d \leq 30\,cm$ ohne weitere Nachweise Fugenabstände bis zur 4,0-fachen Wandhöhe zugelassen. Um der Rissgefahr zu begegnen, erfordern Ortbetonwände wesentlich engere Fugenabstände zwischen einzelnen Wandabschnitten als Dreifachwände ($\approx\ \leq$ 1,5–2,0-fache Wandhöhe). Weiterhin ist die Ortbetonbauweise nur mit einer Bewehrung zur Begrenzung der Trennrissbreite ohne zusätzliche, planmäßig festzulegende Dichtmaßnahmen nicht anwendbar.

Insbesondere bei Weißen Wannen, bei denen die Wasserbeanspruchung erst im Laufe der Nutzung auftritt, z. B. bei stark wechselndem Wasserpegel, bei Schichtenwasser oder bei zeitweise aufstauendem Sickerwasser, hat die Dreifachwand für Bauaufgaben mit hohen Nutzungsanforderungen besondere Chancen.

4.2 Anschlussbewehrung aus der Sohlplatte

Betonwände erhalten »aus Traditionsgründen« stets eine Anschlussbewehrung aus der Sohlplatte. Ob dieses für jeden Anwendungsfall zwingend notwen-

Tabelle 1: Anforderungen in Abhängigkeit der Nutzungsklassen [nach DAfStb-WU – 03]

Anforderungen in Abhängigkeit der Nutzung		
	Nutzungsklasse **A**	Nutzungsklasse **B**
Feuchtetransport in flüssiger Form	nicht zulässig	in begrenztem Maße zulässig
Feuchtstellen auf der Oberfläche	nicht zulässig, als Folge von Wasserdurchtritt	zulässig, jedoch nur als feuchtebedingte Dunkelverfärbungen, ggf. auch mit Bildung von Wasserperlen

dig ist, wird von Planenden in der Regel nicht näher untersucht. Diese Vorgehensweise bei der klassischen Ortbetonwand wird auf den Einsatz der Dreifachwand in gleicher Weise übertragen.

Üblicherweise bemisst der Tragwerksplaner die Sohlplatte und so sind beidseitige Anfängerbewehrungen aus Stabstahl oder Bügelmatten die Regel. Die Wände werden vom Planenden standardmäßig als Ortbetonwände bemessen. Wenn als Wandsystem Dreifachwände zur Anwendung kommen sollen, wird die Umbemessung dem Lieferwerk der Fertigteile übertragen. Diese bemessen die Wand und nicht die Sohlplatte. So bleibt die vom Tragwerksplaner bereits festgelegte Anfängerbewehrung aus der Sohlplatte in der Regel erhalten.

Untersuchungen für Dreifachwände [Eligehausen u.a. – 03] haben jedoch gezeigt, dass eine Anschlussbewehrung zur Bodenplatte nicht immer zwangsläufig erforderlich ist. Dieses gilt sowohl für unbewehrte als auch bewehrte Wände und zwar für die Beanspruchungsklassen 2 (Feuchte) und 1 (Druckwasser). Danach sind statische Fußpunktoptimierungen ohne Anschlussbewehrung zur Bodenplatte bei einachsig tragenden, gelenkig gelagerten Dreifachwänden möglich, wenn unter anderem nachfolgende Nachweise erfüllt werden:

- die Übertragung der Horizontallasten kann allein durch die Fugenrauigkeit (ohne Fugenbewehrung) sichergestellt werden
- die lotrechte Biegezugbewehrung kann wie für ein indirektes Auflager verankert werden
- die vorgegebenen Randbedingungen hinsichtlich Wandhöhen und -dicken, Mindestbetongüte, Bewehrungsdurchmesser, Anordnung ausreichender Gitterträgerdiagonalen als Aufhängebewehrung werden eingehalten [Eligehausen u.a. – 03].

Wenn Dreifachwände ohne Anschlussbewehrung ausgeführt werden können, wird das Aufstellen der Fertigteile erheblich erleichtert, was zu einem schnelleren Baufortschritt ohne zusätzliche Herstellschwierigkeiten führen kann.

In einigen Fällen kann auch die Möglichkeit einer einreihigen Anschlussbewehrung eine gute Lösung zur Fußpunktoptimierung sein.

Bisher sind diese Möglichkeiten in der Baupraxis offenbar nicht bekannt bzw. werden nicht genutzt. Die Fachgruppe »Betonbauteile für Gitterträger« hat die entsprechenden Untersuchungen dafür durchführen lassen und die Ergebnisse den Mitgliedsfirmen zur Verfügung gestellt. Eine Kurzbeschreibung ist im Internet verfügbar unter www.fachvereinigung-bmg.de. Für den jeweiligen Anwendungsfall können vom Fertigteilhersteller die Möglichkeiten einer vereinfachten Fußpunktausbildung ohne Anschlussbewehrung geprüft und für die Ausführung genutzt werden.

4.3 Waagerechte Bewehrung der Stoßfugen

Nach [Eligehausen u.a. – 03] kann bei Dreifachwänden als wasserundurchlässiges Wandsystem auch auf eine horizontale Bewehrung der Stoßfugen verzichtet werden und zwar in folgenden Fällen:

- Annahme einer beidseitig gelenkigen Lagerung mit Verzicht auf die Berücksichtigung günstig wirkender Momente
- Ausbildung der Stoßfugen als Sollrissfugen mit geeigneten Fugenabdichtungen
- Aufnahme der entstehenden Verformungen durch die Fugenabdichtung.

5 Risiken bzw. Erfordernisse bei Anwendung der Dreifachwand

Besondere Bausysteme erfordern auch besondere Überlegungen und Maßnahmen. So wie die klassische Ortbetonbauweise für Wände spezielle Arbeitsvorbereitungen und Einbauerfordernisse verlangt, so gilt dieses auch für den Einsatz von Dreifachwänden für Weiße Wannen.

Werden die nachfolgend beschriebenen, speziellen Erfordernisse an die Dreifachwand nicht beachtet oder nicht ernst genommen, entstehen vermeidbare Risiken, die durch spätere Undichtigkeiten zu Streitigkeiten und kostspieligen Nachforderungen führen können.

5.1 Vollflächige Rauheit der Innenwandflächen

Das Prinzip einer für Weiße Wannen funktionstauglichen Dreifachwand basiert auf der Herstellung eines monolithischen Wandbauteils, das in statischer

Hinsicht und zur Abdichtung als Gesamtquerschnitt wirken muss. Hier ist der Fertigteilhersteller gefordert, besondere Wandqualitäten für diesen Einsatzbereich zu liefern. Um den Verbund zwischen Kernbeton und Elementwandplatten sicherzustellen, müssen die Innenoberflächen der Fertigteilplatten eine vollflächig kornraue Verbundfläche mit ausreichender Rautiefe aufweisen.

Gemäß der WU-Richtlinie [DAfStb-WU – 03] muss der Hersteller eine mittlere Rautiefe R_t von mindestens 0,9 mm in Anlehnung an DIN EN 1766, Abschnitt 7.2, nachweisen. Der Nachweis ist für beide Innenflächen der Fertigteilplatten im Alter von 3 Tagen nach der Herstellung an gesondert herzustellenden Platten (Mindestgröße 1 m²) zu führen. Als Nachweis-Häufigkeit fordert die WU-Richtlinie die Bestimmung der mittleren Rautiefe bei der Erstprüfung sowie monatlich bei der laufenden Produktion. Die Ergebnisse der Rautiefenprüfung sind zu dokumentieren. In den Erläuterungen zur WU-Richtlinie [DAfStb-H555–06] wird ergänzend hierzu angegeben, dass an der zuerst gefertigten Elementwandplatte die Aufrauung vollflächig durch einen Besenstrich erreicht werden kann. Für die zweite Platte wird die Möglichkeit der Rauheit-Herstellung nur an Rändern und zwischen den Gitterträgern beschrieben.

Nach Ansicht des Autors ist neben dem mechanischen Aufrauverfahren auch eine betontechnische Optimierung durch Verwendung geeigneter nicht blutender Betone ohne Zementschlämmebildung in geeigneter Konsistenz sowie eine Optimierung der Verdichtungsenergie im Herstellerwerk notwendig.

Leider wird es bisher von Planenden und Ausführenden versäumt, die Nachweispflicht der Hersteller hinsichtlich der Rautiefenbestimmung zu nutzen und in Ausschreibungen und vor Auftragsvergabe die Vorlage der Ergebnis-Dokumentation zu verlangen. Ebenso ist nicht zu verstehen, warum Fertigteilhersteller nicht offensiv von selbst mit den Ergebnissen der Rautiefen für die Qualität ihrer Dreifachwände »werben«. Angeboten werden sollte aktiv die »Weiße-Wanne-Wand« mit Ausweisung der vollflächigen Rauigkeit der Wandinnenflächen und optimierter Betonrezeptur.

5.2 Transport zur Baustelle

Es sind nur unbeschädigte und trennrissfreie Wandelemente vom Herstellerwerk auszuliefern.

Ein unsachgemäßer Transport der Dreifachwände zur Baustelle kann zu Beschädigungen und Rissen führen, die spätere Durchfeuchtungen zur Folge haben können. Zu empfehlen sind daher spezielle Ladevorrichtungen, die das Transportieren stehender (nicht liegender) Wandelemente ermöglichen. Auf der Baustelle sollten die Wandelemente nicht »zwischengelagert« werden. Dieses erhöht das Risiko von Beschädigungen bzw. Rissbildungen.

Bei der Anlieferung sind die Wandelemente auf Beschädigungen und auf ausreichende Rauheit der Innenwandflächen zu kontrollieren. Erfüllen die Wandelemente nicht die Anforderungen, sollten sie zurückgewiesen werden. Dieses Vorgehen ist bereits im Vorfeld vertraglich klar zu regeln.

5.3 Montage auf der Baustelle

Beim Aufstellen der Fertigteilelemente ist zu beachten, dass diese flucht- und lotrecht stehen und durch Schrägstützen und Spannketten in ihrer Position gesichert sind.

Weiterhin ist an der unteren Stirnseite ein Abstand zur Bodenplatte von mindestens 3 cm einzuhalten. Der entstehende Zwischenraum soll durch den einzubringenden Kernbeton geschlossen werden. Das höhengerechte Aufständern hat durch Montageklötzchen zu erfolgen, z. B. aus Faserzement; Holzkeile sind ungeeignet und können zu späteren Undichtigkeiten führen.

Die untere Aufsetzfuge ist vor dem Einbringen des Kernbetons abzuschalen, um ein Auslaufen des Betons zu verhindern.

Bei leichtverdichtbarem Beton (LVB-Beton) und selbstverdichtendem Beton (SVB, SCC) mit Konsistenzmaßen bis zu 70 cm und mehr kann ein Abdichten der Stoßfugen durch geeigneten und vorsichtigen Einsatz von Bauschaum erfolgen. Dabei ist jedoch darauf zu achten, dass das Material nur im äußeren Bereich der Fertigteilplatten verbleibt. »Viel hilft viel« ist hier der sichere Weg, Fehler zu machen.

5.4 Anforderungen an den Kernbeton

Die Fertigteilwandplatten werden aus betrieblichen Gründen im Fertigteilwerk in der Regel mit einer höheren Betongüte hergestellt (≥ C30/37). Die Qualität einer Weißen Wanne ist jedoch nicht alleine durch den Beton zweier hochwertiger dünner Randplatten sicherzustellen. Die Anforderungen an die Wasserundurchlässigkeit sind auch vom Kernbeton zwischen den Fertigteilplatten zu erfüllen.

Leider gibt es auch 5 Jahre nach Erscheinen der WU-Richtlinie [DAfStb-WU – 03] immer noch Veröffentlichungen und Einbauanleitungen, in denen der Kernbeton lediglich als »Füllbeton« bezeichnet und mit zu geringen Anforderungen an die Betonqualität ausgewiesen wird. Die Mindestbetongüte des Kernbetons muss Beton C25/30 mit der besonderen Eigenschaft »Beton mit hohem Wassereindringwiderstand« sein. Bei Ausnutzung der nach der WU-Richtlinie [DAfStb-WU – 03] zulässigen Mindestbauteildicken sind darüber hinaus zusätzliche betontechnologische Anforderungen zu erfüllen:

- an den Wasserzementwert: w/z ≤ 0,55
- an das Größtkorn der Gesteinskörnung: GK 16mm sowie
- an den Beton im Anschlussbereich Bodenplatte/Wand: Fallpolster mit 8mm Größtkorn auf h ≥ 30cm.

Nach Auffassung des Autors sollten unabhängig von der Bauteildicke spezielle WW-Betone (Betone für Weiße Wannen) als Kernbeton zum Einsatz kommen. Neben den zuvor genannten Eigenschaften sollte ein möglichst schwindarmer Beton (Zementleim ZL ≤ 290 l/m³) in weicher Konsistenz (F3 oder weicher) mit Betonzusatzmitteln (Betonverflüssiger BV und/oder Fließmittel FM) zum Einsatz kommen.

5.5 Betonieren des Kernbetons

Um einen monolithischen Wandquerschnitt herstellen zu können, sind vor dem Betonieren die Wandinnenflächen der Fertigteilplatten ausreichend vorzunässen. Das Vornässen ist nur bei Temperaturen über 0 °C möglich. Fehlendes Vornässen führt zu Verbundstörungen. So entstehen zwei Grenzschichten innerhalb des Wandquerschnitts, die bei Wasserzutritt zu Durchfeuchtungen führen können. Diese Undichtheiten sind später unter wirtschaftlichen Gesichtspunkten kaum sinnvoll zu beseitigen. Man erhält hierdurch eine vergleichbar schlechte Lösung wie bei einer undichten schwarzen Abdichtung, da die eigentliche Schadensquelle meistens nicht lokalisierbar ist.

Die zulässige und verkraftbare Betoniergeschwindigkeit wird durch viele Faktoren beeinflusst. Neben den Einflüssen, die auch für Ortbetonwände gelten (z. B. Steiggeschwindigkeit, Konsistenzklasse, Rohwichte und Einbautemperatur des Betons, Betonierhöhe) sind bei Dreifachwänden zusätzlich nachfolgende Einflüsse maßgebend:

- Wanddicke der Fertigteilplatten
- Betondeckung der Bewehrung an den Innenwandflächen
- Abstand der lotrechten Gitterträger.

Angaben über die zulässige Betoniergeschwindigkeit sind in der jeweiligen allgemeinen bauaufsichtlichen Zulassung der Dreifachwände enthalten. Für übliche Dreifachwände beträgt die zulässige Betoniergeschwindigkeit 50cm bis 80cm in der Stunde. Der schmale Spalt zwischen den Fertigteilen verleitet jedoch nicht selten dazu, mit wesentlich größeren Steiggeschwindigkeiten zu betonieren. Die Folge ist, dass die Gitterträger aus dem Beton gerissen werden, die Wandelemente brechen und die Gebrauchstauglichkeit in Frage zu stellen ist.

Insbesondere wird die Gefahr bei den sogenannten innovativen Betonen (LVB, SVB) unterschätzt. Diese Betone führen zu einer erheblichen Vergrößerung des Frischbetondrucks. In der neuen DIN 18218 [DIN 18218–08] sind diese fließfähigen Konsistenzen jetzt berücksichtigt worden. Der Autor empfiehlt, hinsichtlich des Frischbetondrucks beim Kernbeton von Dreifachwänden vorsorglich von der hydrostatischen Druckhöhe auszugehen.

Angaben zum Kernbeton sind bereits im Abschnitt 5.4 aufgeführt.

Weiterhin ist wesentlich, dass der Kernbeton ausreichend verdichtet wird. Fehlstellen und Kiesnester sind der Ausgangspunkt für spätere Undichtigkeiten. Gerade diese wichtige Anforderung an die Betonverarbeitung bildet einen besonderen Gefahrenpunkt für Dreifachwände. Anders als bei Ortbetonwänden ist nach dem Betonieren eine optische Kontrolle des fachgerechten Betoneinbaus nicht möglich, da der Kernbeton zwischen den Fertigteil-

Tabelle 2: Bauteildicken bei Dreifachwänden [DAfStb-WU – 03], [Lohmeyer/Ebeling – 07]

Bauteildicken bei Dreifachwänden		
Beanspruchungsklasse	**1** Druckwasser	**2** Feuchte
empfohlene Mindestbaudicke nach WU-Richtlinie	≥ 24,0 cm	≥ 24,0 cm [1]
Ausnutzungsbereich der Mindestdicken nach WU-Richtlinie	≥ 24,0 cm und ≤ 27,5 cm	≥ 24,0 cm und ≤ 27,5 cm
Empfehlung nach Ebeling/Lohmeyer	allgemein: ≥ 30,0 cm Spezialunternehmen 2): ≥ 24,0 cm	

[1] Unter Beachtung besonderer betontechnischer und ausführungstechnischer Maßnahmen ist eine Abminderung auf 20 cm möglich, z. B. sehr fließfähige Betone der Konsistenzklasse F6.
[2] Unternehmen, die sich auf die Ausführung Weißer Wannen mit Dreifachwänden und deren Abdichtung spezialisiert haben, eine Objektüberwachung für Montage und Betonierarbeiten sowie für Abdichtungsmaßnahmen durchführen und diese Tätigkeiten für den Auftraggeber dokumentieren

platten liegt. Umso wichtiger ist die Kontrolle während des Betonierens.

5.6 Bauteildicken

Die Annahme dünner Bauteildicken in der statischen Bemessung oder auf einer Zeichnung geht allzu häufig schnell von der Hand. Vielen Planenden scheint dabei die Baustellenpraxis des Betonbaus fremd zu sein. Die »Leichtgläubigkeit« an reine Zahlen ist nicht selten. Bauteildicken sind dafür ein typisches Beispiel. In der WU-Richtlinie [DAfStb-WU – 03] werden Empfehlungen für Mindestbauteildicken unter anderem für Dreifachwände genannt (Tabelle 2).

Nach Ansicht des Autors können diese Werte als untere Grenze einer fachgerechten Herstellbarkeit auf der Baustelle angesehen werden. Im Fachbuch [Lohmeyer/Ebeling – 07/2] wird empfohlen, insbesondere für druckwasserbeanspruchte Wände möglichst dickere Gesamtquerschnitte (»besser 30 cm«) festzulegen, die von Bauunternehmen im allgemeinen fachgerecht hergestellt werden können. Die Ausführung von dünneren Wanddicken (24 cm) sollte nur von Unternehmen erfolgen, die sich auf die Ausführung Weißer Wannen mit Dreifachwänden und deren Abdichtung spezialisiert haben, eine Objektüberwachung für Montage und Betonierarbeiten sowie für Abdichtungsmaßnahmen durchführen und diese Tätigkeiten für den Auftraggeber dokumentieren.

5.7 Fugenabdichtungen bei Dreifachwänden

Dreifachwände können prinzipiell mit den gleichen Fugenabdichtungen wie Ortbetonwände abgedichtet werden. Grundsätzlich kommen zwei Möglichkeiten in Frage (Tabelle 3):

- Fugenabdichtungen im Kernbetonbereich
- Fugenabdichtungen an der Außenfläche.

Häufig ist der vorhandene Platz für das Einbringen der Fugenabdichtung bei Dreifachwänden schmaler als bei Ortbetonwänden. In Abhängigkeit davon ergeben sich nach Ansicht des Autors bevorzugte oder weniger günstige Arten der Fugenabdichtung.

So sollten bei Ausnutzung der in der WU-Richtlinie genannten Mindestbauteildicken insbesondere bei druckwasserbeaufschlagten Dreifachwänden nur außen liegende Fugenabdichtungen eingesetzt werden. Mittig liegende Fugenabdichtungen sollten nur Unternehmen mit der zuvor beschriebenen besonderen Spezialisierung unter Berücksichtigung der genannten Randbedingungen ausführen.

Der in der WU-Richtlinie [DAfStb-WU – 03] genannte Mindesteinbauraum von 12 cm ist sehr gering. In [Lohmeyer/Ebeling – 07/2] werden hierfür b_{wi} ≥ 14 cm empfohlen. Ergänzend dazu wird vorgeschlagen, in diesen Fällen nur solche mittig liegenden Fugenabdichtungen zu bevorzugen, die einen geringen Platzbedarf erfordern und leichter zu erzielende

Tabelle 3: Beispiele für Fugenabdichtungen bei Dreifachwänden [DAfStb-WU – 03], [Lohmeyer/Ebeling – 08]

Beispiele für Fugenabdichtungen bei Dreifachwänden[1)]	
mittig liegende Fugenabdichtungen	**außen liegende Fugenabdichtungen**
• Fugenblech (unbeschichtet, beschichtet) • Fugenband mit beidseitigen Rippen • Fugenband mit Quellteil • Injektionssystem (I-Schlauch, I-Kanal) • Quellband • SF-Profil mit Injektionssystem • Dichtrohr	• Quellmaterialstreifen mit Blechabdichtung • KMB-Bahnenstreifen (Bitumendickbeschichtung) • sonstige Bahnenstreifen (Adhäsionsdichtungen)
1) Fugenabdichtungen müssen den Anforderungen der WU-Richtlinie entsprechen (genormt, geregelt, nicht geregelt mit allgemein bauaufsichtlichem Prüfzeugnis mit Verwendbarkeitsnachweis)	

Einbaugenauigkeiten in Längsrichtung ermöglichen, z. B. Injektionssysteme oder geeignete Quellprofile mit allgemein bauaufsichtlichem Prüfzeugnis und Verwendbarkeitsnachweis. Mittig liegende Fugenbänder oder Fugenbleche sollten erst bei Einbauräumen von $b_{wi} \geq 18$ cm eingesetzt werden. Die Tabelle 4 zeigt dazu eine Übersicht.

6 Zusammenfassung

Wie bei jeder Bauweise, so gibt es auch bei der Dreifachwand Chancen und Risiken, die über Erfolg oder Misserfolg entscheiden. Das Gelingen der Bauaufgabe Bauen mit der Dreifachwand als Weiße Wanne hängt von Planern, Fertigteilherstellern, Transportbetonwerken und Bauausführenden gleichermaßen ab. Die Nutzung des vorhandenen Know-Hows für das System Dreifachwand ist von allen Bauschaffenden gemeinsam zu leisten.

7 Literatur

[DAfStb-WU – 03] DAfStb-Richtlinie Wasserundurchlässige Bauwerke aus Beton, (WU-Richtlinie), Beuth Verlag, Berlin, 11/2003

[DAfStb-H555–06] DAfStb Heft 555: Erläuterungen zur DAfStb-Richtlinie Wasserundurchlässige Bauwerke aus Beton, Beuth Verlag, Berlin, 1. Auflage, 2006

[DAfStb-Ant-WU – 06] Antworten des DAfStb auf Fragen zur Auslegung der WU-Richtlinie, Stand 06.03.2006

Tabelle 4: Empfehlungen nach Ebeling/Lohmeyer zum Einsatz mittig liegender Fugenabdichtungen bei Dreifachwänden [DAfStb-WU – 03], [Lohmeyer/Ebeling – 08]

Empfehlungen nach Ebeling/Lohmeyer zum Einsatz mittig liegender Fugenabdichtungen bei Dreifachwänden	
Art der Fugenabdichtung[1)]	**erforderlicher Einbauraum b_{wi}**
Injektionssysteme (I-Schläuche, I-Kanäle)	$\geq$ 14,0 cm
Quellprofile	
Fugenbleche	$\geq$ 18,0 cm ($\geq$ 12,0 cm[2)])
Fugenbänder	
1) Fugenabdichtungen müssen den Anforderungen der WU-Richtlinie entsprechen (genormt, geregelt, nicht geregelt mit allgemein bauaufsichtlichem Prüfzeugnis mit Verwendbarkeitsnachweis) 2) Unternehmen, die sich auf die Ausführung Weißer Wannen mit Dreifachwänden und deren Abdichtung spezialisiert haben, eine Objektüberwachung für Montage und Betonierarbeiten sowie für Abdichtungsmaßnahmen durchführen und diese Tätigkeiten für den Auftraggeber dokumentieren	

[DAfStb-PosPap – 06] DAfStb Positionspapier zur WU-Richtlinie des DafStb: Feuchtetransport durch WU-Konstruktionen, Beuth Verlag, Berlin, 2006

[DIN 18218–08] Frischbetondruck auf lotrechte Schalungen, Entwurf 01–2008

[Ebeling – 04] Weiße Wannen aus Dreifachwänden – Erfahrungen und neue Wege Tagungsband 48. Ulmer Beton- und Fertigteil-Tage 2004, Beton+Fertigteil-Technik BFT, Heft 02/2004

[Ebeling – 05] Fugen in Dreifachwänden – Anforderungen und Ausbildung Tagungsband 49. Ulmer Beton- und Fertigteil-Tage 2005, Beton+Fertigteil-Technik BFT, Heft 02/2005

[Ebeling – 06] Ebeling, K.: Typische Problemfälle bei Weißen Wannen, Beitrag im Tagungsband Schäden an erdberührten Bauteilen. 41. Bausachverständigen-Tag 2006. Fraunhofer IRB-Verlag, 2006

[Ebeling – 07/1] Ebeling, K: Konstruktion – Weiße Wannen. Buchbeitrag in Stahlbetonbau aktuell – Praxishandbuch 2007. Bauwerk Verlag GmbH, Berlin 2007

[Ebeling – 08/1] Schnittstellenproblematik Weiße Wanne. Tagungsband 52. Ulmer Beton- und Fertigteil-Tage 2008, S. 135–137, Beton+Fertigteil-Technik BFT, Heft 02/2008

[Ebeling – 08/2] Dauerbrenner Weiße Wannen – Vorteile der Dreifachwand bei Weißen Wannen mit hochwertiger Nutzung. Beitrag im Tagungsband 52. Ulmer Beton- und Fertigteil-Tage 2008, S. 146–148, Beton+Fertigteil-Technik BFT, Heft 02/2008

[Eligehausen u. a. – 03] Untersuchungen zur Anschlussbewehrung, zur Verankerung der Biegezugbewehrung sowie der Rissbreiten infolge Zwang bei Elementwänden. Bericht für die Fachgruppe »Betonbauteile mit Gitterträgern. 2003

[Kerkeni u. a. – 02] Kerkeni, N.; Hegger, J.; Kahmer, H.: Mindestbewehrung von Weißen Wannen aus Doppelwänden. Verlag Ernst & Sohn, Beton- und Stahlbetonbau, Heft 1, Berlin 2002

[Lohmeyer/Ebeling – 96] Lohmeyer, G.; Ebeling, K.: Die Dreifachwand für Keller. Wirtschaftliche Kombination aus Betonfertigteilplatten und Ortbeton. Beton Heft 1/1996

[Lohmeyer/Ebeling – 97] Lohmeyer, G.; Ebeling, K.: Die Dreifachwand für Keller. Bewehrung der Drei¬fachwand. Beton Heft 11/1997

[Lohmeyer/Ebeling – 99] Lohmeyer, G.; Ebeling, K.: Stegink, H. Die Dreifachwand im Ingenieurbau. Anwendungsbeispiel Wasserbehälter. Beton Heft 1/1999

[Lohmeyer/Ebeling – 07/2] Lohmeyer, G.; Ebeling, K.: Weiße Wannen – einfach und sicher. Verlag Bau+Technik (VBT) Düsseldorf, überarb. und erw. 8. Auflage, 2007

[Lohmeyer/Ebeling – 07/3] Lohmeyer, G.; Ebeling, K.: Schäden an wasserundurchlässigen Wannen und Flachdächern aus WU-Beton, Schadenfreies Bauen – Band 2. vollst. überarb. und erw. 4. Auflage, Fraunhofer IRB-Verlag. 2007

[Lohmeyer/Ebeling – 08] Lohmeyer, G.; Ebeling, K.: Weiße Wannen – einfach und sicher. Verlag Bau+Technik (VBT) Düsseldorf, überarb. 9. Auflage 2008 (in Vorbereitung)

Autoreninformation:

Dipl.-Ing. Karsten Ebeling ist beratender Ingenieur und ö.b.u.v. Sachverständiger der Ingenieurkammer Niedersachsen für Betontechnologie und Betonbau sowie geschäftsführender Gesellschafter der ISVP Lohmeyer + Ebeling, Burgdorf. Er ist Ansprechpartner für den Betonbau bei Fragen zur Planung, Ausführung und Instandsetzung sowie zu Schäden.

Fugenabdichtungen für weiße Wannen – richtig geplant und fachgerecht ausgeführt

Prof. Dr.-Ing. Rainer Hohmann, Dortmund

1 Einleitung

Voraussetzung für ein funktionierendes Fugenabdichtungssystem ist die Planung der Fugenabdichtung einschließlich aller Detailpunkte sowie deren fachgerechter Einbau. Leider wird oftmals sowohl bei der Planung der Fugenabdichtung als auch beim Umgang auf der Baustelle gegen einfachste Regeln verstoßen. Details werden nicht oder nur unzureichend durchdacht und geplant, Lösungen von Detailfragen werden der Baustelle überlassen und der Einbau des Fugenabdichtungssystems ist oftmals nicht fachgerecht. Ursache hierfür sind neben Kosten- und Zeitdruck häufig nicht ausreichende Kenntnisse von Fugenabdichtungssystemen und deren Besonderheiten. Der Beitrag bietet einen Überblick über die verschiedenen Fugenabdichtungssysteme und gibt Hinweise für die Planung sowie den Umgang auf der Baustelle.

2 Fugenplanung

Schon beim Entwurf des Bauwerks müssen Art, Ausbildung und Abdichtung der Fugen in die Planungsüberlegungen einfließen. Hierbei muss der Planer zum Einen die wechselseitige Beeinflussung von Fuge, Abdichtung und Bewehrung beachten, zum Anderen ist so zu planen, dass die Lösungen auf der Baustelle auch umsetzbar sind und sich möglichst leicht in den Arbeitsablauf einfügen lassen.

Die WU-Richtlinie [5] (§ 4) fordert bei der Planung folgende Gesichtspunkte einzeln und in ihrem Zusammenwirken zu berücksichtigen:

- Wahl von Bauteilabmessungen und Bewehrungsführung, die den planmäßigen Einbau von Fugenabdichtungen und einen fehlstellenfreien Betoneinbau ermöglichen
- Planung sämtlicher Fugen und Durchdringungen unter Berücksichtigung fehlstellenfreier Ausführbarkeit
- Planung von Bauablauf, Betonierabschnitten, Arbeitsfugen, Sollrissquerschnitten einschließlich der erforderlichen Qualitätssicherungsmaßnahmen.

Um Fehler bei der Planung des Fugenabdichtungssystems zu vermeiden, sind bei der Planung der Fugen und ihrer Abdichtung u. a. einige grundlegende Regeln zu beachten:

- Fugenverläufe sollten möglichst geradlinig und ohne Versprünge geplant werden
- Bewegungs- und Arbeitsfugen sind planmäßig festzulegen und sollten nur dort angeordnet werden, wo sie aus technischen Erfordernissen für das Bauwerk unerlässlich sind
- Arbeitsfugen sollten in möglichst gering beanspruchten Bauteilbereichen angeordnet werden
- alle Fugen und Durchdringungen müssen planmäßig und dauerhaft wasserundurchlässig ausgebildet werden
- der Planung der Fugenabdichtung ist der objektspezifische und parzellenscharfe Bemessungswasserstand zugrunde zu legen. Der Bemessungswasserdruck ergibt sich aus folgenden Wasserständen:
  - bei stark durchlässigen Böden ($k > 10^{-4}$ m/s) aus dem höchsten innerhalb der planmäßigen Nutzungsdauer, nach Möglichkeit aus langjähriger Beobachtung und zu erwartender zukünftiger Gegebenheiten ermittelten Wasserstand bzw. Hochwasserstand
  - bei wenig durchlässigen Böden ($k \leq 10^{-4}$ m/s) aus dem in der Geländeoberfläche angenommenen Wasserstand bzw. dem höchsten, nach Möglichkeit aus langjähriger Beobachtung und zu erwartender zukünftiger Gegebenheiten ermittelten Hochwasserstand
  - bei von innen drückendem Wasser (Behältern, Becken und dergleichen) aus dem höchsten anzunehmenden Befüllungswasserstand.

  Der Bemessungswasserdruck sollte aufgrund von amtlichen Messergebnissen der Grundwasserstände und deren maximaler Schwankungen, die auf

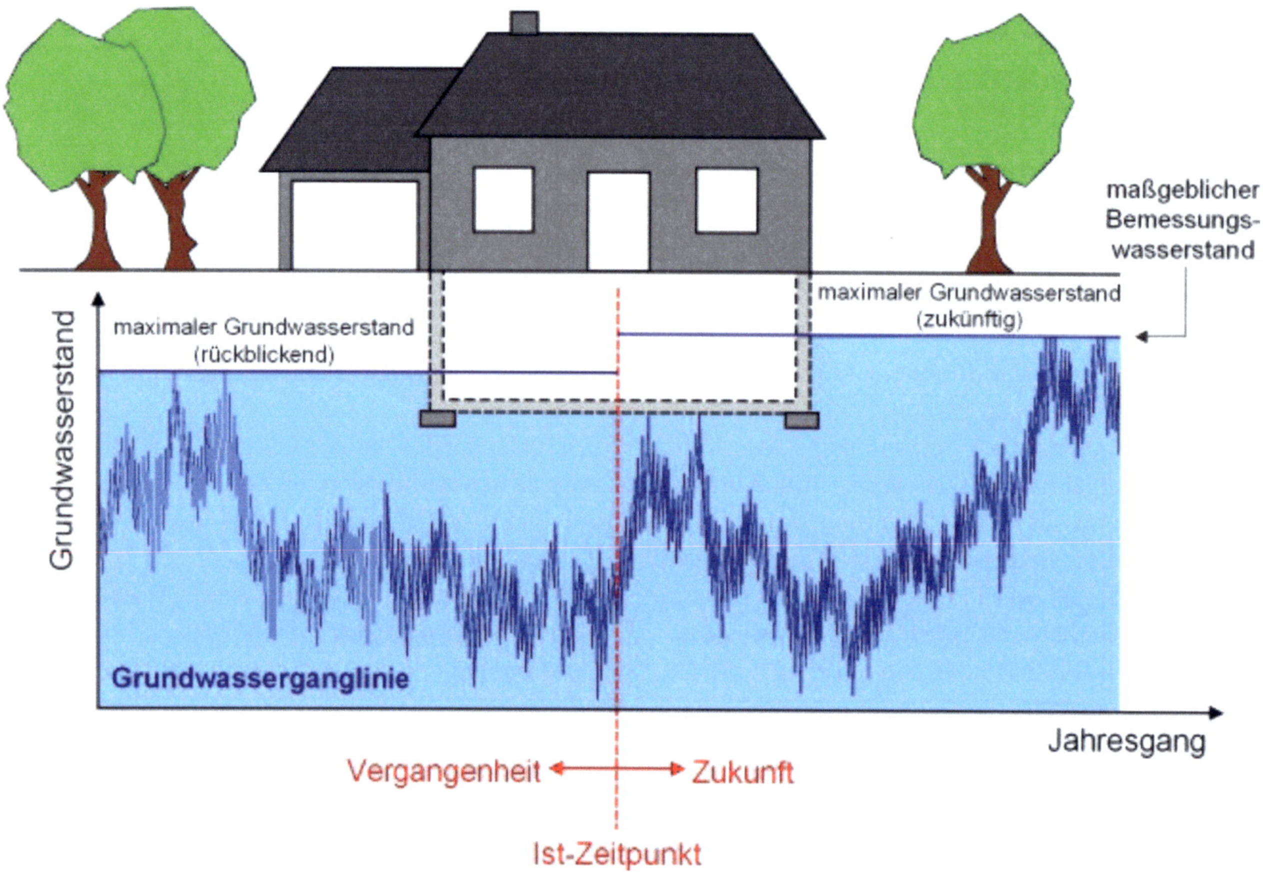

Bild 1: Definition des maßgebenden Bemessungswasserstandes

langjähriger Beobachtung basieren, festgelegt werden. Rückfragen beim Nachbarn oder Schürfungen vor Ort reichen nicht aus. Bild 1 verdeutlicht die Zusammenhänge:

- die Fugenabdichtung muss ein geschlossenes und lückenloses System ergeben
- das Fugenabdichtungssystem in den Dehn- und Arbeitsfugen sollte in horizontaler und vertikaler Richtung jeweils in einer Ebene liegen
- die freien Enden des Fugenabdichtungssystems sollten mindestens 30 cm über den Bemessungswasserstand geführt werden
- der Abstand von Bewegungsfugen zu Ecken, Kanten, Kehlen, Durchdringungen und aufgehenden Wänden sollte mindestens 30 cm betragen
- Anschlüsse der Fugenabdichtungen von Arbeits- und Dehnfugen müssen so geplant und ausgeführt werden, dass sie dauerhaft wasserdicht sind
- Bewehrungsführung und Fugenabdichtungssystem sind aufeinander abzustimmen
- der Planer muss auch beachten, dass auf der Baustelle bei Fugenbändern nur Stumpfstöße ausgeführt werden dürfen. Alle anderen Verbindungen, wie z. B. Ecken, T-Verbindungen oder Kreuzungen sind im Werk herzustellen.

Weitere Hinweise sind u. a. in [1, 2, 4, 10] zu finden.

3 Abdichtungssysteme für Fugen in Bauwerken aus WU-Beton

Damit Fugenabdichtungssysteme fachgerecht geplant und ausgeführt werden können, müssen Planer und Ausführende die Fugenabdichtungssysteme und ihre Besonderheiten kennen. Tabelle 1 und 2 geben einen Überblick über Systeme zur Abdichtung von Dehn- und Arbeitsfugen in wasserundurchlässigen Bauwerken aus Beton.

Bei Fugenabdichtungen wird zwischen geregelten und ungeregelten Systemen unterschieden, siehe Tabelle 3. Für die ungeregelten Systeme ist als Verwendbarkeitsnachweis ein allgemeines bauaufsichtliches Prüfzeugnis (abP) erforderlich. Aus dem abP gehen u. a. Fugenart und Beanspruchungsart, zulässiger Wasserdruck und ggf. zulässige Verfor-

Tabelle 1: Beispiele für Dehnfugenabdichtungssysteme Weißer Wannen

Fugenabdichtungssystem		Bezeichnung der Fugenbänder nach	
		DIN 7865 [7] (Elastomer-fugenbänder)	**DIN 18541 [9] (thermoplastische Fugenbänder)**
Innenliegendes Dehnfugenband	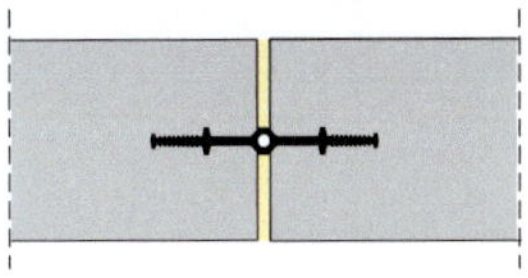	FM *	D *
		FMS * (mit seitliche Stahllaschen)	
Außenliegendes Dehnfugenband	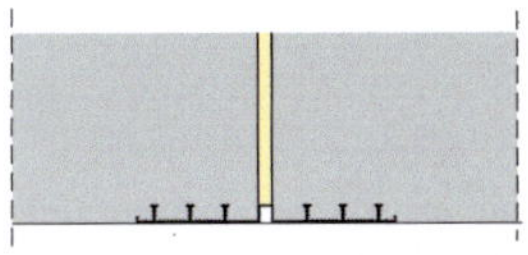	AM *	DA *
Fugenabschlussband	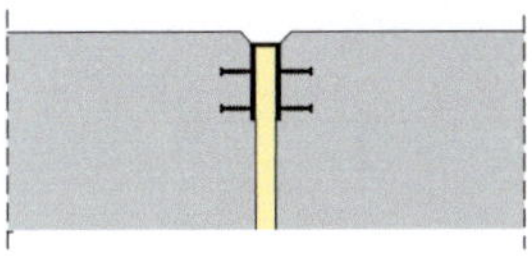	FAE *	FA *
* Auswahl der Fugenbänder nach DIN V 18197 [8]			

mung, ggf. Eignung für Wasserwechselbeanspruchung sowie Hinweise zur baustellengerechten Handhabung hervor.

Bei der Wahl der Fugenabdichtungssysteme sollte jedem Planer und Anwender bewusst sein, dass den Fugenabdichtungssystemen durch ein abP keine Gleichwertigkeit bescheinigt wird, sondern bauordnungsrechtlich gesehen lediglich der Nachweis, dass es prinzipiell verwendet werden darf. Die Fugenabdichtungssysteme unterscheiden sich z. T. deutlich in der Wirkungsweise und Wirksamkeit, dem Anwendungsbereich, den Anwendungs- und Verarbeitungsvoraussetzungen, den erforderlichen bauwerkspezifischen Randbedingungen, den Witterungsbedingungen beim Einbau, der Dauerhaftigkeit, der Langzeiterfahrung und der Fehlerempfindlichkeit. Daher muss der Planer, ggf. der Anwender prüfen, ob das gewählte Abdichtungssystem für sein Bauvorhaben und die objektspezifischen Randbedingungen geeignet ist.

3.1 Fugenbänder

Fugenbänder werden schon seit Jahrzehnten zur Abdichtung von Bewegungs- und Arbeitsfugen in wasserundurchlässigen Bauwerken aus Beton eingesetzt. Hinsichtlich der Einbaulage wird zwischen innen- und außenliegenden Fugenbändern sowie Fugenabschlussbändern differenziert. Welcher Fugenbandtyp letztlich ausgewählt wird, hängt von einer Vielzahl von Faktoren ab, wie z. B. der Konstruktion, der Beanspruchung, den Vorgaben des Bauherrn oder den Vorlieben und Erfahrungen der ausschreibenden Stelle oder des Bauunternehmens.

Elastomerfugenbänder und thermoplastische Fugenbänder unterscheiden sich grundlegend in der Fügetechnik. Thermoplastische Fugenbänder werden durch Schweißen miteinander verbunden. Elastomerfugenbänder werden durch Vulkanisation, d. h. durch Zugabe von Rohkautschuk unter Einwirkung von Wärme und Druck verbunden.

Hinweise zur Fugenbandauswahl finden sich in DIN V 18197 [8] oder für Verkehrsbauwerke in der ZTV-ING [1]. In DIN V 18197 [8] sind werkstoffspezifisch für die unterschiedlichen Fugenbandtypen Auswahldiagramme angegeben, mit deren Hilfe Fugenbänder in Abhängigkeit des Bemessungswasserstandes und der resultierenden Verformung ausgewählt werden können. Die resultierende Verformung v_r ergibt sich als vektorielle Addition der maximal zu erwartenden Verformungskomponenten in x-, y- und z-Richtung.

Tabelle 2: Beispiele für Arbeitsfugenabdichtungssysteme Weißer Wannen

Abdichtungssystem		**Besonderheiten**
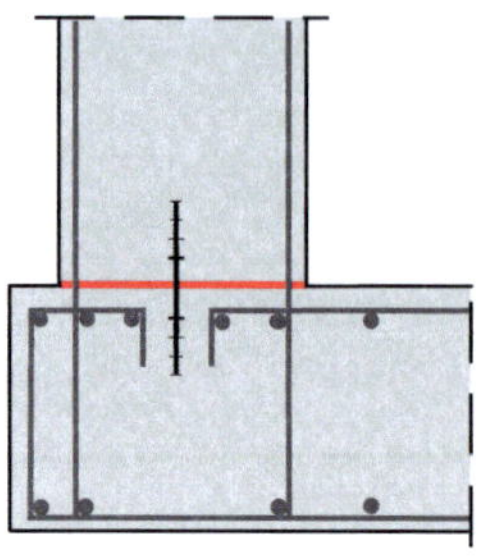 Innenliegendes Arbeitsfugenband oder -blech	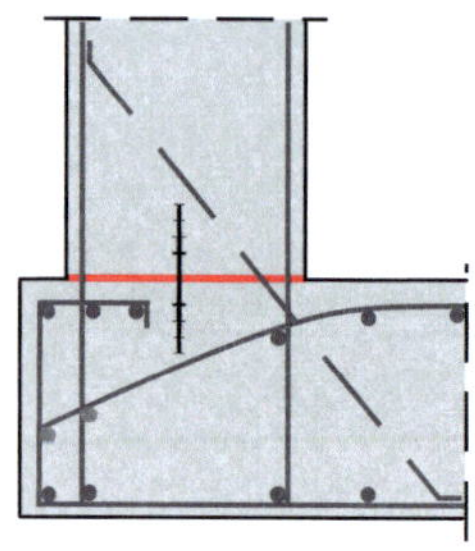 Innenliegendes Arbeitsfugenband oder -blech	Bewehrungsanpassung (Bewehrungsunterbrechung oder Abbiegen der oberen Bewehrungslage) erforderlich, keine Aufkantung (für Fugenbänder nach Werksvorschrift ist als Verwendbarkeitsnachweis ein abP[1] erforderlich, für Fugenbänder nach DIN 7865 oder DIN 18541 nicht)
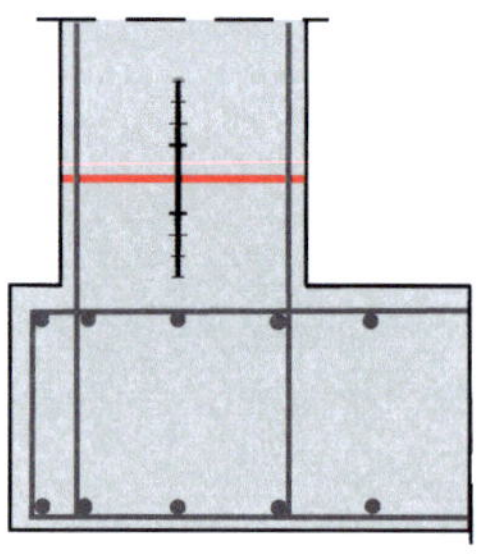 Innenliegendes Arbeitsfugenband oder -blech	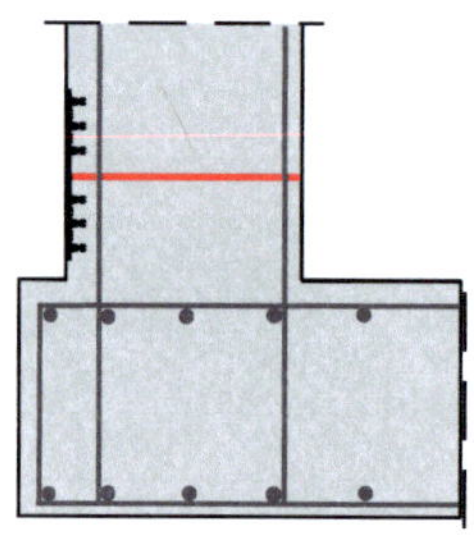 Außenliegendes Arbeitsfugenband	Aufkantung erforderlich, nachträglich aufgesetzte Aufkantungen sind nach WU-Richtlinie nicht zulässig, die Aufkantung muss mit der Bodenplatte geschalt und in einem betoniert werden (für Fugenbänder nach Werksvorschrift ist als Verwendbarkeitsnachweis ein abP[1] erforderlich, für Fugenbänder nach DIN 7865 oder DIN 18541 nicht)
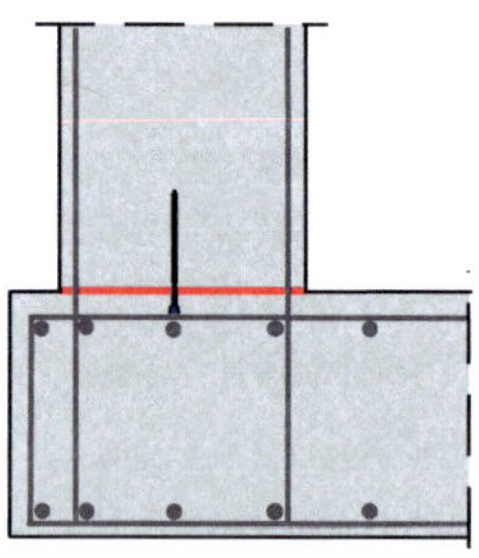 Kombi-Arbeitsfugenbänder	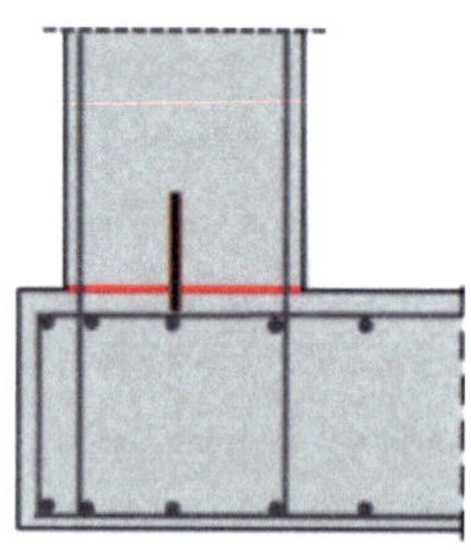 Beschichtete Fugenbleche	Keine Aufkantung oder Bewehrungsanpassung erforderlich, Abdichtungssystem steht auf der oberen Sohlbewehrung und bindet ca. 3 cm in die Bodenplatte ein (abP[1] als Verwendbarkeitsnachweis erforderlich)
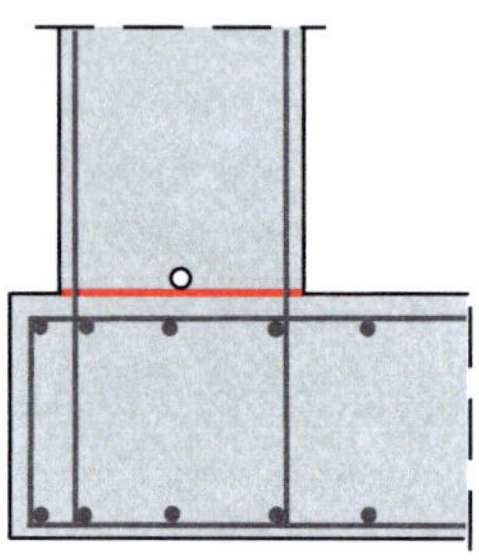 Injektionsschlauchsysteme	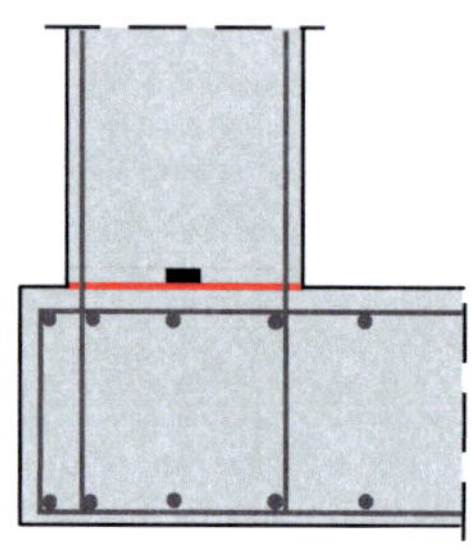 Quellfähige Fugeneinlage	Keine Aufkantung oder Bewehrungsanpassung erforderlich, Abdichtungssystem wird auf dem fertig gestellten ersten Betonierabschnitt befestigt (abP[1] als Verwendbarkeitsnachweis erforderlich)
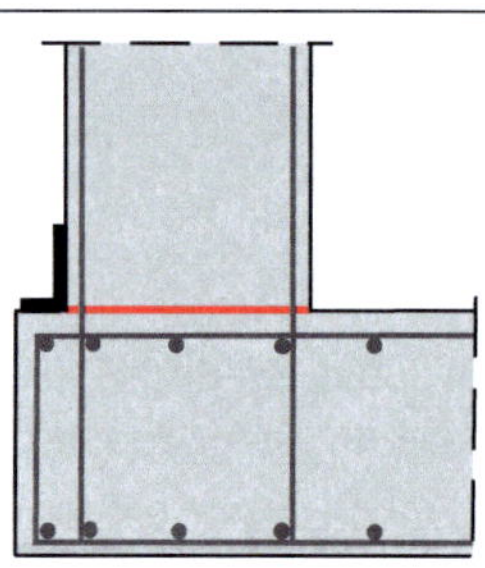 Adhäsionsdichtungen		Keine Aufkantung oder Bewehrungsanpassung erforderlich, Abdichtungssystem wird nach Fertigstellung des Bauwerks außenseitig aufgebracht (abP[1] als Verwendbarkeitsnachweis erforderlich)

[1)] Allgemeines bauaufsichtliches Prüfzeugnis

Tabelle 3: Für welche Fugenabdichtungssysteme ist ein abP erforderlich?

Fugenabdichtungssystem		abP	
		nicht erforderlich	erforderlich
Geregelte Bauprodukte (Bauregelliste A, Teil 1)	Fugenbänder nach DIN 7865	x	
	Fugenbänder nach DIN 18541	x	
	unbeschichtete Fugenbleche *	x	
Ungeregelte Bauprodukte (Bauregelliste A, Teil 2)	Fugenbänder mit wesentlichen Abweichungen zur DIN 7865 bzw. DIN 18541 (Fugenbänder nach Werksvorschrift)		x
	beschichtete Fugenbleche		x
	Kombi-Arbeitsfugenbänder		x
	verpresste Injektionsschlauchsysteme		x
	quellfähige Fugeneinlagen		x
	Adhäsionsdichtungen		x
	Dichtrohre		x
	Sollrisselemente		x
	andere Systeme		x

* kein abP erforderlich, wenn die Ausführung nach der DAfStb-Richtlinie „Wasserundurchlässige Bauwerke aus Beton" (WU-Richtlinie) [5] erfolgt

$$v_r = \sqrt{v_x^2 + v_y^2 + v_z^2}$$

mit

v_x: Verformung in x-Richtung in mm

v_y: Verformung in y-Richtung in mm (Scherverformung)

v_z: Verformung in z-Richtung in mm (Scherverformung)

Das Beispiel in Bild 2 zeigt die Vorgehensweise bei der Fugenbandauswahl nach DIN V 18197. Weitere Beispiele finden sich u.a. in [10].

Generell gilt, dass die erforderliche Fugenbandbreite mit zunehmender Beanspruchung, d. h. Verformung und Wasserdruck, größer wird. Dabei ist zu beachten, dass die Einbindetiefe des Fugenbandes kleiner als die Überdeckung sein sollte. Dies bedeutet, dass die Fugenbandbreite maximal der Bauteildicke entsprechen darf. Eine Ausnahme bilden lediglich 320 mm breite innenliegende Fugenbänder nach DIN 18541 (Typ A und D) und 240 mm breite innenliegende Elastomerfugenbänder nach DIN 7865 (Typ F und FM). Erstere dürfen nach DIN V 18197 [8] auch bei einer Bauteildicke von 300 mm eingesetzt werden, letztere entsprechend auch in 240 mm dicke Bauteile. Prinzipiell dürfen thermoplastische Fugenbänder nach DIN 18541 mit einer Breite < 240 mm bzw. Elastomerfugenbänder nach DIN 7865 mit einer Breite < 250 mm nach DIN V 18197 [8] nicht für drückendes Wasser (Beanspruchungsklasse 1), sondern nur für Bodenfeuchte und nicht drückendes Wasser (Beanspruchungsklasse 2) eingesetzt werden.

Scharfe Kanten können unter Beanspruchung zu einer Kerbverletzung des Fugenbandes führen. Um diese Gefahr zu vermindern, wird die (Scher-) Verformung in y-Richtung des Fugenbandes auf die Nennfugenweite w_{nom} begrenzt. Bei einer Fuge mit einer Nennfugenweite w_{nom} = 20 mm ist die Scherverformung v_y dadurch auf 20 mm begrenzt. Werden größere Scherbewegungen erwartet, so ist der Dehnbereich des Fugenbandes vor Verletzung zu schützen. Dies kann z. B. durch den Einbau eines Fu-

Beispiel
Bauteildicke: $d = 30$ cm
Nennfugenweite: $w_{nom} = 20$ mm
Verformungen: $v_x = 15$ mm, $v_y = 10$ mm, $v_z = 9$ mm
Wasserdruck: $W_S = 4$ mWS (= 0,4 bar)

Damit ergibt sich folgende resultierende Verformung:

$$v_r = \sqrt{v_x^2 + v_y^2 + v_z^2} = \sqrt{15^2 + 10^2 + 9^2} = 20\,\text{mm}$$

In dem Beispiel soll die Fugenabdichtung mit einem innenliegenden Dehnfugenband aus Elastomer nach DIN 7865 (Typ FM) erfolgen. Mit vr = 20 mm und WS = 6 mWS lässt sich aus dem entsprechenden Auswahldiagramm für innenliegende Dehnfugenbänder aus Elastomer nach DIN 7865 (Typ FM) das erforderliche Fugenband, ein FM 300, einfach ablesen (siehe Bild 2).

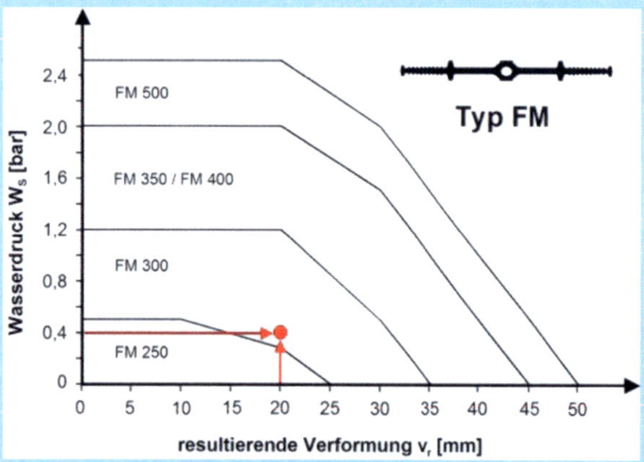

Bild 2: Auswahl eines innenliegenden Dehnfugenbandes aus Elastomer (Typ FM)

genbandes mit einer Mittelschlauchummantelung geschehen, siehe Bild 3.

In Pressfugen dürfen – wie in Tabelle 4 gezeigt – keine Arbeitsfugenbänder, sondern nur Fugenbänder mit Mittelschlauch eingebaut werden. Um bei auftretender Scherverformung die Gefahr einer Beschädigung des Fugenbandes durch Kerbverletzung zu verhindern, ist eine entsprechende Verformungskammer auszubilden oder der Mittelschlauch des innenliegenden Fugenbands mit geschlossenzelligem Zellelastomer zu ummanteln. Alternativ kann auch ein entsprechendes Fugenband mit angeformter Ummantelung, z.B. ein FMS 400 HS, eingebaut werden, siehe Tabelle 4. Wichtig ist in den beiden letzten Fällen, dass die Mittelschlauch-Ummantelung mit dem Fugenband so verbunden ist, dass keine Betonschlämme unter die Ummantelung dringen kann. Die Mittelschlauchummantelung muss geeignet sein, Verletzungen des Fugenbandes durch scharfe Betonkanten zu verhindern.

Beim Umgang mit Fugenbändern ist u. a. auf Folgendes zu achten:

- Fugenbänder sind schonend abzuladen, auf Vollständigkeit und Beschädigungen zu prüfen, bis zu ihrem Einbau an geschützter Stelle abseits des Fahrweges auf festem Untergrund oder auf Lagerhölzern abzulegen und vor Verschmutzung und Beschädigung zu schützen
- auf der Baustelle dürfen nach DIN V 18197 [7] nur Stumpfstöße ausgeführt werden. Im Regelfall werden vom Fugenbandhersteller im Werk vorgefertigte Formteile oder Teilsysteme bestehend aus Ecken, T-Stücken oder Kreuzungen auf die Baustelle geliefert. Auf der Baustelle werden die vorgefertigten Formteile oder Teilsysteme durch Stumpfstöße zum Gesamtsystem zusammengefügt. Die Fügungen auf der Baustelle dürfen nur von durch die Fugenbandhersteller geschulte, namentlich benannte Baubeteiligte oder durch Fügetechniker des Fugenbandherstellers ausgeführt werden [7]. Bild 4 benennt die unterschiedlichen Formteile und zeigt eine mögliche Anordnung von Werks- und Baustellenstößen:
  - Fugenbänder müssen symmetrisch zur Fugenachse eingebaut und mindestens alle 25 cm be-

Bild 3: Fugenband mit Mittelschlauchummantelung (FMS ... HS)

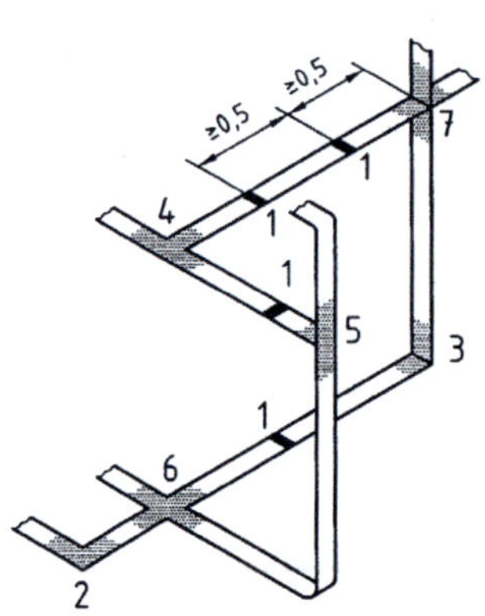

1 – Baustellenstoß
Werkstöße:
2 – liegende (flache) Ecke
3 – stehende (senkrechte) Ecke
4 – liegende (flache) T-Verbindung
5 – stehende (senkrechte) T-Verbindung
6 – liegende (flache) Kreuzung
7 – stehende (senkrechte) Kreuzung

Bild 4: Benennung verschiedener Formteile und Anordnung von Werks- und Baustellenstößen [7]

Tabelle 4: Fugenabdichtung bei Pressfugen

Beanspruchung	Fugenabdichtung	
keine Scherbeanspruchung	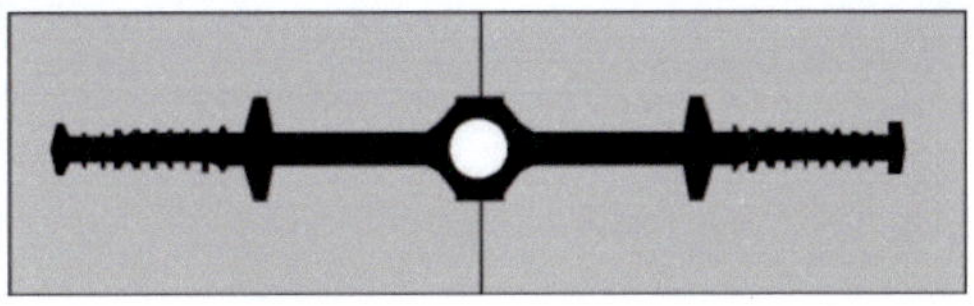	Innenliegendes Dehnfugenband
Scherbeanspruchung	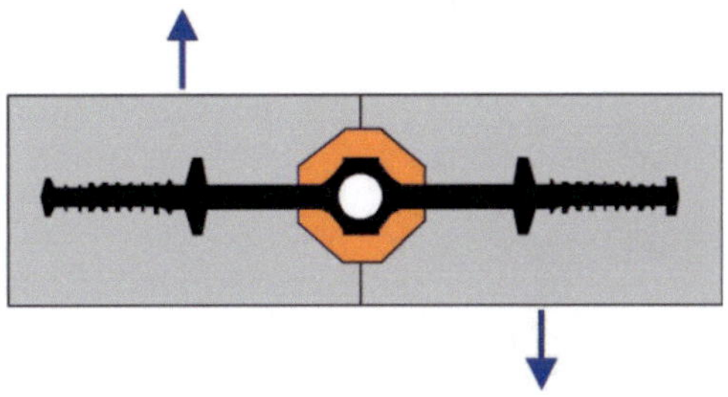	Innenliegendes Dehnfugenband mit Verformungskammer aus geschlossenzelligem Zellelastomer
	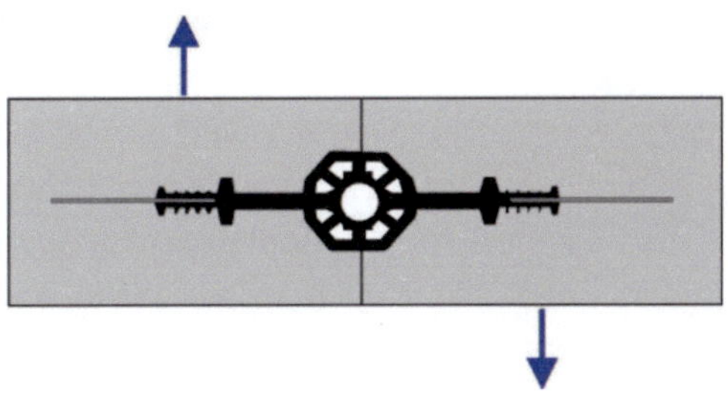	Dehnfugenband mit angeformter Ummantelung, z.B. ein FMS 400 HS

festigt werden, damit sie beim Betonieren nicht umklappen oder ihre Lage verändern können. Befestigungs- und Stützelemente, die eine Wasserumläufigkeit bewirken können, sind nicht zulässig

- außenliegende Fugenbänder dürfen nur wasserseitig angeordnet werden. Sie dürfen nicht an der Oberseite von waagerechten und schwach geneigten Bauteilen, also mit nach unten gerichteten Sperrankern einbetoniert werden
- zwischen der Anschlussbewehrung und dem innenliegenden Fugenband muss – wie in Bild 5 gezeigt – ein lichter Abstand von mindestens 50 mm eingehalten werden

• zwischen dem Fugenband und der Bewehrung muss, wie in Bild 6 zu sehen, ein lichter Abstand

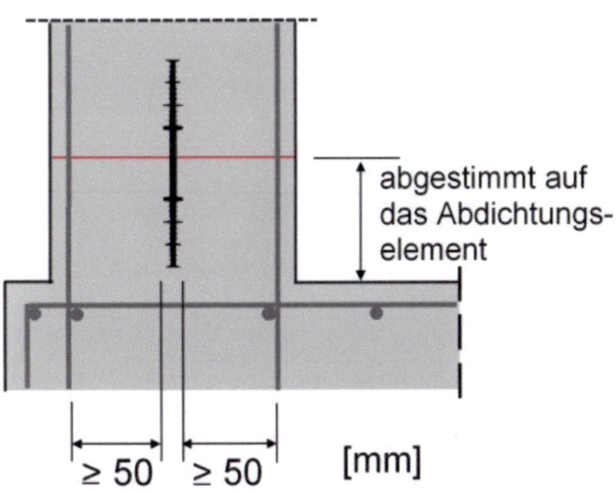

Bild 5: Mindestabstand eines innenliegenden Arbeitsfugenbandes zur Anschlussbewehrung am Beispiel eines Sohle-Wand-Anschlusses mit Aufkantung

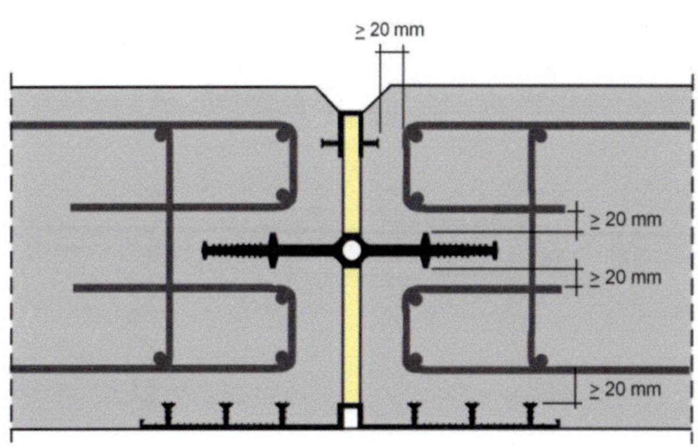

Bild 6: Erforderlicher lichter Abstand zwischen Bewehrung und Fugenband

Bild 7: Fachgerechte (a) und nicht fachgerechte (b) Ausführung

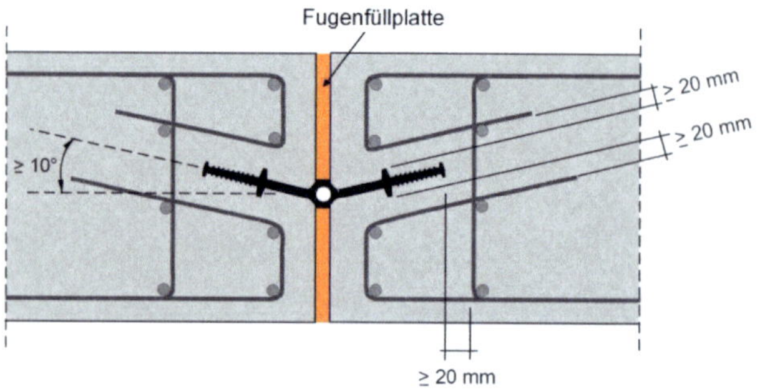

Bild 8: v-förmiges Verlegen von innenliegenden Fugenbändern in horizontalen und leicht geneigten Bauteilen

von mindestens 20 mm eingehalten werden. Bild 7 zeigt das Beispiel einer fachgerechten (a) bzw. nicht fachgerechten (b) Ausführung

- innenliegende Fugenbänder in schwach geneigten und waagerechten Bauteilen wie Decken und Sohlen, sind v-förmig im Winkel von ca. 10° nach oben zu verlegen, siehe Bild 8
- um Verwerfungen im Bereich von Ankerrippen und Sperrankern zu verhindern, sind die Mindestbiegeradien entsprechend Tabelle 5 einzuhalten. Ist dies nicht möglich, sind werksgefertigte Ecken vorzusehen
- Fugenbänder sind bis zum vollständigen Einbetonieren vor Verletzungen, z. B. durch scharfkantige Bewehrungsenden oder Folgearbeiten zu schützen und fachgerecht zu verwahren. Das Beispiel für eine fachgerechte bzw. nicht fachgerechte

Bild 9: Fachgerechte (linkes Bild) und nicht fachgerechte (rechtes Bild) Verwahrung des Fugenbandes bis zum Betonieren des nächsten Betonierabschnittes

Tabelle 5: Mindestbiegeradien für die verschiedenen Fugenbandtypen (nach [8])

Fugenbandtyp			Biegeradius r
Innenliegend	Arbeitsfugenbänder (Typ A, F, FS)		≥ 15 cm
	Dehnfugenbänder (Typ D, FM, FMS)		≥ 25 cm

			≥ 35 cm
Außenliegend	Arbeitsfugenbänder (Typ AA, A)		≥ 50 × Sperrankerhöhe
	Dehnfugenbänder (Typ DA, AM)		
Fugenabschlussbänder (Typ FA, FAE)		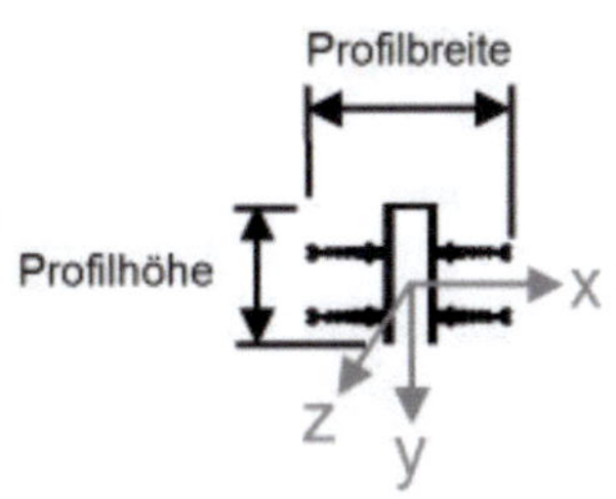	≥ 30 × Profilhöhe (Biegung um die x-Achse) ≥ 30 × Profilbreite (Biegung um die y-Achse)

Verwahrung eines Fugenbandes bis zum Betonieren des nächsten Betonierabschnittes zeigt Bild 9

- Fugenbänder müssen beim Einbetonieren frei von Verschmutzungen und Eisbildung sein, um die Gefahr von späteren Umläufigkeiten zu verhindern. Verschmutzungen oder Eis sind vor dem Betonieren zu entfernen.

Weitere Hinweise für die fachgerechte Handhabung von Fugenbändern, aber auch Beispiele für einen falschen Umgang, sind ausführlich z. B. in [10] beschrieben.

4.2 Unbeschichtete Fugenbleche

Zur Abdichtung von Arbeitsfugen werden seit vielen Jahren auch unbeschichtete Stahlbleche eingesetzt. Ein Beispiel zeigt Bild 10. Unbeschichtete Fugenbleche dichten nach dem Einbettungsprinzip ab, das auf der satten Einbettung der Fugenbleche im Beton und auf einer Haftung am Beton beruht. Wie bei den Fugenbändern ist eine Betonaufkantung oder eine Bewehrungsanpassung erforderlich. Fugenbleche sind lagerichtig und -sicher in der Arbeitsfuge zu fixieren. Leider werden Fugenbleche häufig – wie in Bild 11 zu sehen – nicht lagerichtig eingebaut. Unbeschichtete Fugenbleche müssen jeweils hälftig in die beiden Betonierabschnitte einbinden. Auch sollte zwischen dem Fugenblech und der Anschlussbewehrung wie bei Fugenbändern mindestens ein Abstand von 5 cm eingehalten werden, damit ein vollständiges Einbetonieren der Fugenbleche möglich ist.

Bild 10: Abdichtung des Sohle-Wand-Anschlusses mit einem unbeschichteten Arbeitsfugenblech

Bild 11: Fehlerhafter Einbau eines unbeschichteten Fugenbleches (h = 30 cm) im Bodenplatte-Wand-Anschluss

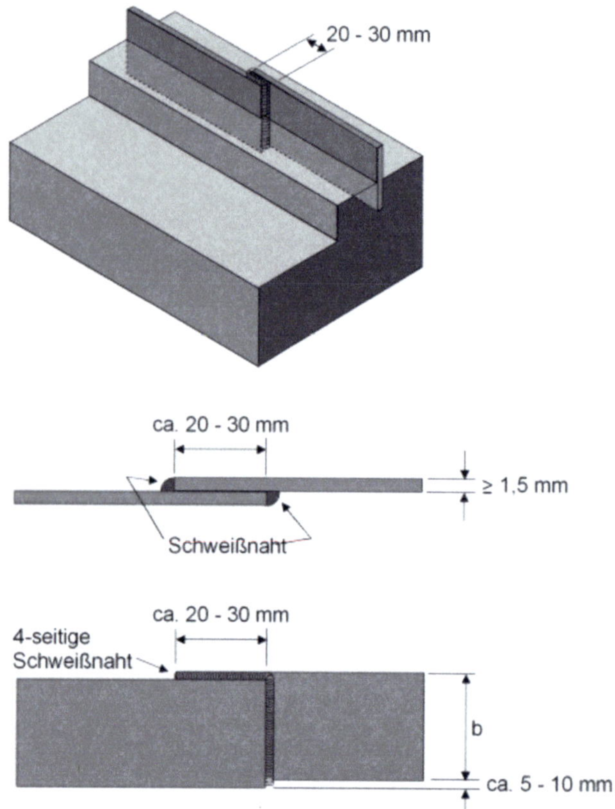

Bild 12: Geschweißter Stoß bei Fugenblechen

Die erforderlichen Abmessungen von unbeschichteten Fugenblechen sind in Tabelle 6 in Abhängigkeit zum Bemessungswasserdruck angegeben.

Auch die Ausführung von Stößen wird in der DAfStb-Richtlinie „Wasserundurchlässige Bauwerke aus Beton" [5] geregelt. Bei Beanspruchungsklasse 1 (drückendem bzw. nicht drückendem Wasser oder aufstauendem Sickerwasser) und Nutzungsklasse A sind Arbeitsfugenbleche im Stoßbereich dicht miteinander zu verschweißen, zu verkleben oder mit dichtender Zwischenlage zu klemmen. Bild 12 zeigt die fachgerechte Ausführung eines geschweißten Stoßes.

Überlappungsstöße, wie sie bislang häufig üblich waren, erwiesen sich oftmals als Fehlerquelle und sind bei Beanspruchungsklasse 1 und Nutzungsklasse A nicht mehr zulässig. Insbesondere bei Bauteilen mit geringer Dicke (d ≤ 30 cm) konnte immer wieder beobachtet werden, dass durch leichtes Schrägstellen der Bleche, zu kleine Abstände der parallel geführten Bleche oder Dachbildung der Bleche der Beton in den Zwischenbereich nur schlecht eingebracht und verdichtet werden konnte. Bild 13 verdeutlicht das Problem.

Zur Ausbildung des Stoßes bei der Beanspruchungsklasse 2 (Bodenfeuchte und nicht aufstauendes Sickerwasser) finden sich in [24, 25] keine Hinweise. Es empfiehlt sich aber, hier genauso wie bei der Beanspruchungsklasse 1, Nutzungsklasse B zu verfahren.

Tabelle 6: Abmessungen des Arbeitsfugenblechs (nach [5])

Beanspruchungsklasse		**Bemessungswasserdruck**	**Abmessungen des Arbeitsfugenblechs**	
			Breite	**Dicke**
1	drückendes, nicht drückendes Wasser oder aufstauendes Sickerwasser	≤ 3 m WS	≥ 250 mm	≥ 1,5 mm
		≤ 10 m WS	≥ 300 mm	
		> 10 m WS	Breite des Arbeitsfugenbleches entsprechend vergrößern	
2	Bodenfeuchte und nicht aufstauendes Sickerwasser	–	≥ 250 mm	

Bild 13: Schlecht ausgeführter Überlappungsstoß

Bild 15: Abdichtung der Arbeitsfuge mit einem Injektionsschlauchsystem

Ein Überlappungsstoß, wie er beispielhaft in Bild 14 dargestellt ist, ist nach [5] nur für den Lastfall Beanspruchungsklasse 1 <u>und</u> Nutzungsklasse B zulässig. Dies allerdings auch nur dann, wenn zusätzlich zwei Bedingungen erfüllt sind:

- Bauteildicke $\geq$ 50 cm
- Druckgefälle $i = \dfrac{\textit{Druckhöhe des Wassers } h_w}{\textit{Bauteildicke } h_b} \leq 5$

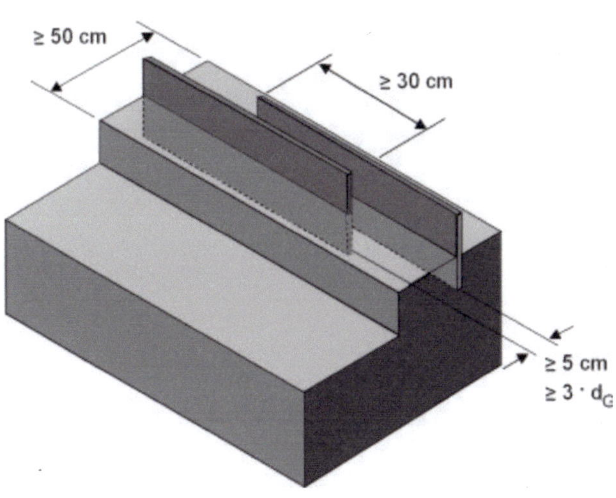

Bild 14: Überlappungsstoß bei Arbeitsfugenblechen

Bei Wanddicken von 50 cm ergibt sich damit eine maximale Wasserhöhe von 2,5 m. Beim Überlappungsstoß müssen die Fugenbleche sich mindestens 30 cm überlappen. Ihr Abstand muss der dreifachen Größe des Größtkorns entsprechen, mindestens aber 5 cm betragen, siehe Bild 14.

Unbeschichtete Fugenbleche sind wasserdicht an Dehnfugenbänder anzuschließen. Im Regelfall werden sie baustellenseitig an Blechanschlüsse angeschweißt, die werkseitig bei den Herstellern am Dichtteil der Fugenbänder angefügt wurden oder in Ausnahmefällen durch eine Klemmschiene mit quellfähigem Dichtstreifen am Fugenbanddichtteil wasserdicht angeklemmt sind.

3.3 Injektionsschlauchsysteme

Injektionssysteme gibt es etwa seit Mitte der 80er Jahre. Im Gegensatz zum Fugenband und Fugenblech müssen Injektionsschlauchsysteme nicht in den vorhergehenden Betonierabschnitt einbinden. Damit ergeben sich Vorteile hinsichtlich Flexibilität, Einbau und Verlauf des Fugenabdichtungssystems. Es ist weder eine Anpassung der Bewehrungsführung noch eine Aufkantung erforderlich, siehe Bild 15.

Die Wirkung von verpressten Injektionsschlauchsystemen basiert auf dem vollständigen Füllen von wassergängigen Hohlräumen und Arbeitsfugen mit einem dauerhaft dichtenden Füllstoff. Bei der Wahl des Füllstoffes muss darauf geachtet werden, dass dieser die Fuge dauerhaft abdichtet. Die WU-Richtlinie verweist auf Füllstoffe nach der DAfStb-Richtlinie „Schutz und Instandsetzung von Betonbauteilen".

In der WU-Richtlinie wird insbesondere bei drückendem Wasser empfohlen, Injektionsschlauchsysteme in Kombination mit anderen Fugenabdichtungen wie Fugenbändern oder Fugenblechen als Sekundärabdichtung zu verwenden [6]. Bei einem Einsatz eines Injektionsschlauchsystems als alleinige Abdichtung (Primärabdichtung) empfiehlt die WU-Richtlinie [5, 6] die Arbeitsfuge entsprechend vorzubereiten, siehe WU-Richtlinie, Abschnitt 9.2, Absatz 3.

Hinweise für den fachgerechten Einbau von Injektionsschlauchsystemen sind u. a. im DBV-Merkblatt „Verpresste Injektionsschläuche für die Arbeitsfuge" [3] zu finden. Bei der Verwendung von Injektionsschlauchsystemen sind einige grundlegende Regeln einzuhalten, u. a.:

- Injektionsschlauchsysteme müssen ein geschlossenes Abdichtungssystem ergeben, d. h. angrenzende Injektionsschläuche müssen sich überlappen
- der Injektionsschlauch wird in der Regel mittig in der Arbeitsfuge verlegt
- die Systemlänge (Injektionsschlauch zuzüglich der beiden Verpressenden) sollte im Regelfall maximal 10 m betragen

Bild 16: Fachgerechte Überlappung zweier Injektionsschlauchabschnitte

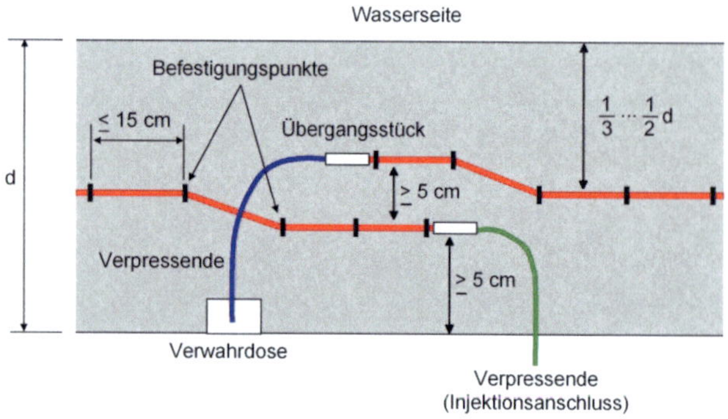

Bild 17: Abstände beim Einbau von Injektionsschlauchsystemen

- der Injektionsschlauch muss durchgängig aufliegen und so verlegt sein, dass ein Abknicken oder Einschnüren vermieden wird. Er ist im Abstand ≤ 15 cm z. B. durch Rohrschellen oder Befestigungsclips gegen Aufschwimmen zu sichern
- bei einem Richtungswechsel von horizontalen zu aufgehenden Bauteilen ist der Injektionsschlauch in der Kehle zu führen; bei Kanten sind diese im Bereich des Injektionsschlauches zu brechen, um ein Abknicken des Injektionsschlauches zu vermeiden
- damit der Übergangsbereich zwischen Injektionsschlauch und Verpressende vollständig einbetoniert ist, sollte die Mindestbetondeckung des Injektionsschlauches 5 cm nicht unterschreiten (Bild 17). Der Abstand zwischen parallel verlegten Injektionsschläuchen sollte mindestens 5 cm betragen
- im Anschlussbereich an innenliegende Dehnfugenbänder sollte der Injektionsschlauch – wie in Bild 18 gezeigt – an den einbetonierten Schenkel

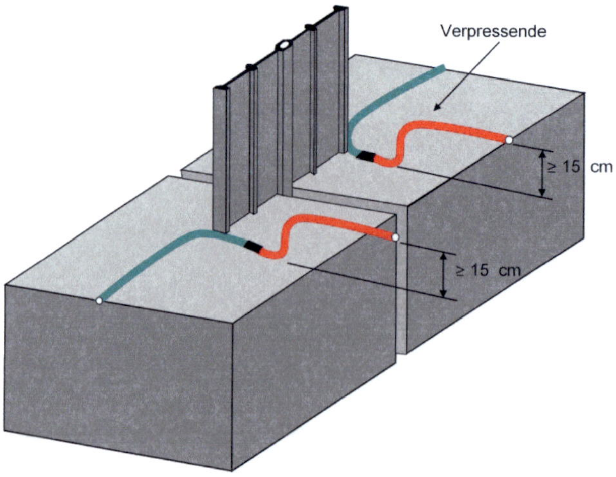

Bild 18: Schlauchführung im Bereich der Dehnfuge bei einem innenliegenden Dehnfugenband

des Dehnfugenbandes herangeführt werden, um nach Verpressen des Injektionsschlauches hier ein geschlossenes Fugenabdichtungssystem zu bilden

- die Verpressung der Arbeitsfuge über das Injektionsschlauchsystem erfolgt später über Nagelpacker oder Verpressenden, die in einbetonierte Verwahrdosen eingeführt sind. Nagelpacker oder Verwahrdosen sollten mindestens 15 cm neben vertikalen bzw. oberhalb von horizontalen Arbeitsfugen angeordnet sein
- Injektionsschlauchsysteme sind vor Beschädigungen zu schützen. Bei Beschädigungen des Injektionsschlauchssystems, z. B. infolge Durchlöchern, Abknicken, Einklemmen oder Zerschneiden ist es unbrauchbar und muss ausgewechselt werden. Gleiches gilt auch für die Verpress- und Entlüftungsenden
- Verlauf und Lage des Injektionsschlauchsystems, der Anschlussstellen, der Verwahrdosen oder Nagelpacker sind in den Ausführungszeichnungen darzustellen.

3.4 Beschichtete Fugenbleche

Bei den beschichteten Fugenblechen handelt es sich im Wesentlichen um Fugenbleche mit einer Bitumen-Butylkautschuk-Beschichtung, zeigt Bild 19.

Im Gegensatz zu den unbeschichteten Fugenblechen und den Arbeitsfugenbändern ist bei beschichteten Blechen weder eine Betonaufkantung noch eine Bewehrungsanpassung erforderlich. Beschichtete Fugenbleche sind deutlich kleiner als unbeschichtete Fugenbleche. Die fehlende Systemhöhe soll durch die Beschichtung kompensiert werden. Die beschichteten Fugenbleche werden auf der oberen Bewehrungslage aufgestellt und mit Haltebügeln fixiert. Beim Sohle-Wand-Anschluss beträgt die Einbindetiefe in der Bodenplatte je nach Betondeckung 3,0 bis 5,0 cm. Aufgrund der geringen Einbindetiefe muss jedoch sichergestellt sein, dass der Beton im Einbindebereich selbst in der Lage ist, auf dem dabei gegebenen kurzen Weg den Wasserdurchtritt zu verhindern. Ein nachträgliches Eindrücken der beschichteten Bleche in den frischen Beton ist wie bei den unbeschichteten Fugenblechen nicht zulässig. Zum Schutz vor Verschmutzung ist die Beschichtung mit einer zweiteiligen Schutzfolie versehen. Die obere Schutzfolie soll eine Verschmutzung

Bild 19: Beschichtetes Fugenblech auf der oberen Sohlbewehrung vor dem Betonieren der Bodenplatte

des oberen, zuletzt einbetonierten Teils beim Schalen oder Betonieren des ersten Betonierabschnittes verhindern. Sie darf erst kurz vor dem Betonieren des zweiten Betonierabschnittes entfernt werden. Um Verbundstörungen zu vermeiden, sind Verschmutzungen der Beschichtung des noch nicht einbetonierten Teils der Bleche unbedingt zu vermeiden. Deshalb ist sorgsam darauf zu achten, dass die Schutzfolie nicht vorzeitig entfernt wird. Im Stoßbereich werden die Elemente mit einer etwa 10 cm breiten Überlappung nach Abziehen der Schutzfolie im Stoßbereich zusammengedrückt. Der Stoß ist mit einer speziellen Stoßklammer zu sichern. Des Weiteren ist darauf zu achten, dass beschichtete Fugenbleche wasserdicht an Dehnfugenbänder angeschlossen werden, um ein geschlossenes Fugenabdichtungssystem zu bilden. Im Regelfall erfolgt dies durch eine

Bild 20: Umgeknicktes beschichtetes Fugenblech in einer verschmutzten Arbeitsfuge

Klemmverbindung. Hierbei ist darauf zu achten, dass die Klemmung am Dichtteil des Fugenbandes und nicht an dessen Dehnteil erfolgt. Situationen, wie in Bild 20 zu sehen, ein umgeknicktes beschichtetes Fugenblech in einer verschmutzten Arbeitsfuge sind zu vermeiden. Vor dem Einschalen der Wand und dem Betonieren muss das Fugenblech aufgebogen und die Arbeitsfuge gesäubert werden.

3.5 Kombi-Arbeitsfugenband

Bei Kombi-Arbeitsfugenbändern handelt es sich um thermoplastische Fugenbänder mit integriertem Quellprofil, die keine Betonaufkantung oder Bewehrungsanpassung erfordern. Bild 21 verdeutlicht den Aufbau von Kombi-Arbeitsfugenbändern am Beispiel eines KAB. Dieses wird vor dem Betonieren der Bodenplatte auf die oberste Bewehrungslage aufgestellt und mit Haltebügeln fixiert. Bild 22 zeigt ein Kombi-Arbeitsfugenband nach dem Betonieren der Bodenplatte.

Oberhalb der Arbeitsfuge dichten Kombi-Arbeitsfugenbänder nach dem Labyrinthprinzip, d.h. wie klassische Fugenbänder durch Vergrößerung des Wasserumlaufweges ab. Unterhalb der Arbeitsfuge wird die fehlende Einbindetiefe durch ein im unteren Profilteil integriertes Quellprofil ausgeglichen, das bei Wasserzutritt quillt und am unteren Profilende über den dadurch hervorgerufenen Anpress- oder Quelldruck abdichtet. Im Bereich der Stöße kann das KAB verschweißt oder wie in Bild 23 gezeigt mit speziellen Klemmschienen mit quellfähiger Zwischenlage geklemmt werden. Ein Überlappungsstoß, wie er in Bild 24 zu sehen ist, ist nicht zulässig. Anschlüsse an innenliegende thermoplastische Dehnfugenbänder können einfach durch Verschweißen oder den beschriebenen Klemmschienen hergestellt werden.

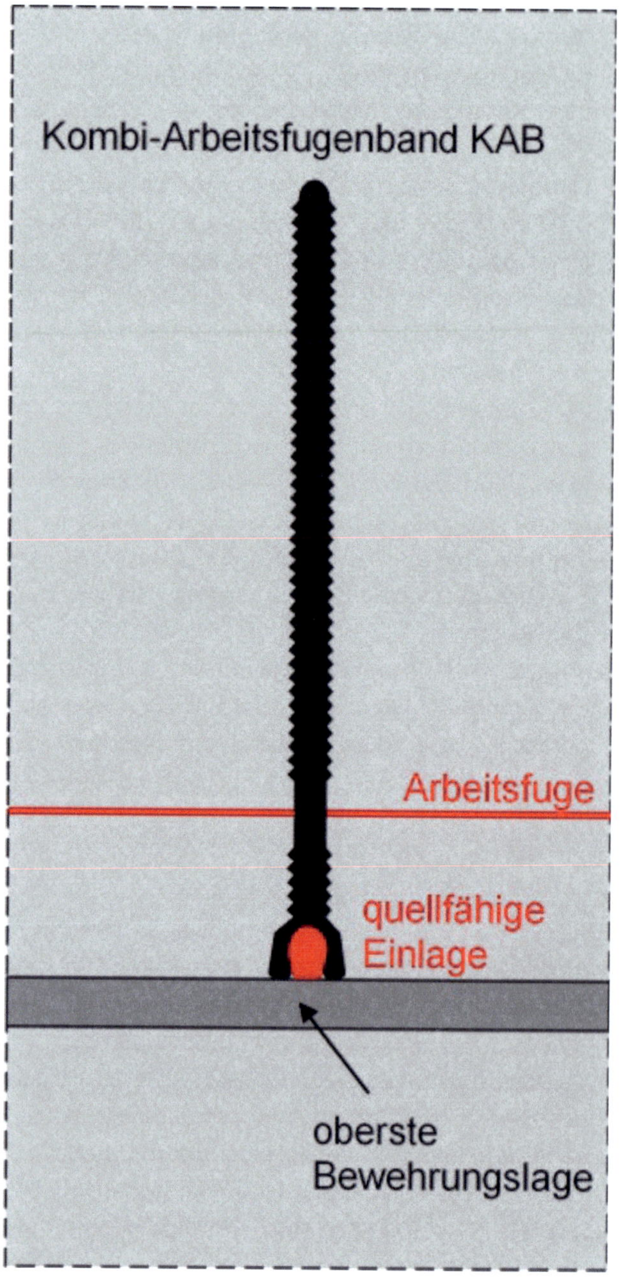

Bild 21: Funktionsprinzip eines Kombi-Arbeitsfugenbandes am Beispiel des KAB

3.6 Quellfähige Fugeneinlagen

Neben den bewährten Lösungen zur Abdichtung von Arbeitsfugen mit Fugenbändern und -blechen werden auch quellfähige Fugeneinlagen eingesetzt. Ein Beispiel zeigt Bild 25. Dies geschieht zum Einen aus Kostengründen, zum Anderen aus verarbeitungstechnischen Gründen. Der Einbau quellfähiger Fugeneinlagen gestaltet sich einfach. Quellfähige Fugeneinlagen werden produktabhängig in der Arbeitsfuge aufgeklebt, punktuell befestigt oder mit einem Befestigungsgitter fixiert. Dadurch lassen sie sich auch an komplizierte Fugenverläufe anpassen. Als quellfähige Fugeneinlagen kommen Materialien auf Bentonit-, Kautschuk- oder Acrylatbasis zur Anwendung, die bei Wasserzutritt quellen. Durch die Volumenvergrößerung presst sich die Fugeneinlage gegen die sie umgebenden Betonflanken und dichtet die Arbeitsfuge über den Anpressdruck gegen Wasserdurchtritt ab. Der entstehende Anpressdruck

Bild 22: Kombi-Arbeitsfugenband KAB auf der obersten Sohlbewehrung nach dem Betonieren der Bodenplatte

muss dabei größer sein als der hydrostatische Wasserdruck. Damit sich der Quelldruck aufbauen kann, muss das Quellband von Beton umschlossen sein. Ein Einsatz von quellfähigen Fugeneinlagen in Dehnfugen verbietet sich daher. Bei quellfähigen Fugeneinlagen aus Bentonit sind Einbausituationen zu vermeiden, die zu einem Ausspülen des Bentonits führen könnten.

Der Quelldruck muss so groß sein, dass die Fuge gegen den anstehenden Wasserdruck abdichtet.

Bild 23: Fachgerechte Stoßausbildung mittels Klemmlaschen mit quellfähiger Zwischenlage

Bild 24: Nicht fachgerechte Stoßausbildung durch Überlappung von Kombi-Arbeitsfugenbändern

Bild 25: Arbeitsfuge mit quellfähiger Fugeneinlage

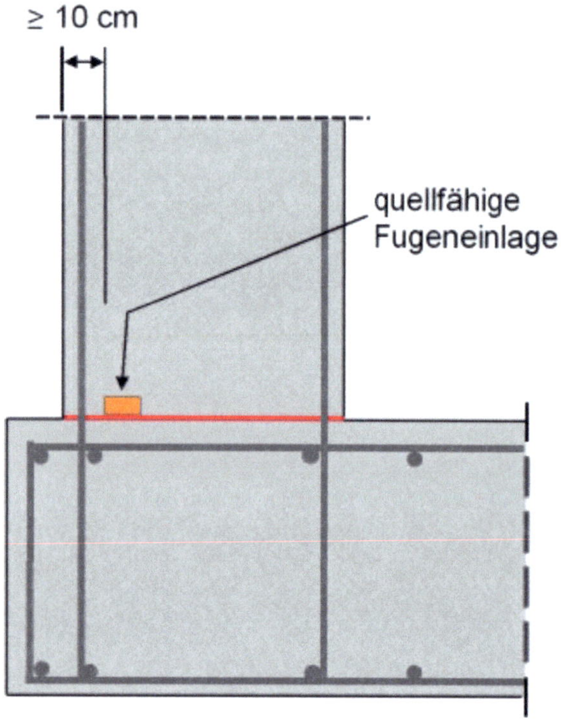

Bild 26: Mindestbetondeckung bei quellfähigen Fugeneinlagen

Nach den Prüfgrundsätzen der Materialprüfämter muss der Quelldruck unter Behinderung der Querdehnung mindestens 0,5 N/mm² betragen. Andererseits kann eine zu hohe Quellfähigkeit aufgrund des hohen Quelldrucks u. U. auch schädlich sein. Einen Wert von etwa 1/10 der Betondruckfestigkeit sollte der Quelldruck daher nicht übersteigen. Entsprechende obere Grenzwerte sind in Regelwerken jedoch nicht festgeschrieben.

Hinweise zum Umgang und zum Einbau von quellfähigen Fugeneinlagen sind in den Herstellerrichtlinien oder im DBV-Merkblatt „Quellfähige Fugeneinlagen für Arbeitsfugen" [4] zu finden. Wesentlich sind z. B.:

- quellfähige Fugeneinlagen müssen kontinuierlich in der Arbeitsfuge liegen
- der Abstand zur Bauteiloberfläche sollte, wie in Bild 26 dargestellt, mindestens 10 cm betragen
- um ein Aufschwimmen im Frischbeton zu verhindern, müssen quellfähige Fugeneinlagen mindestens alle 15 cm durch Aufkleben mit einem geeigneten Kleber oder durch Verwendung eines Montagegitters kontinuierlich befestigt werden
- quellfähige Fugeneinlagen sind vor vorzeitigem Quellen zu schützen. Vor dem Betonieren des zweiten Betonierabschnittes gequollene Fugeneinlagen sind auszutauschen.

3.7 Streifenförmige vollflächig aufgeklebte Fugenabdichtungsbänder (Abklebe- oder Adhäsionsdichtungen)

Bei Abklebe- oder auch Adhäsionsdichtungen handelt es sich um streifenförmige Fugenabdichtungsbänder z. B. aus thermoplastischem Elastomer, die mit geeigneten Klebern wasserfest auf den Beton geklebt werden, und so eine Arbeitsfuge überbrücken und abdichten. Bild 27 zeigt die Abdichtung einer Arbeitsfuge mit einer derartigen streifenförmigen Fugenabdichtung.

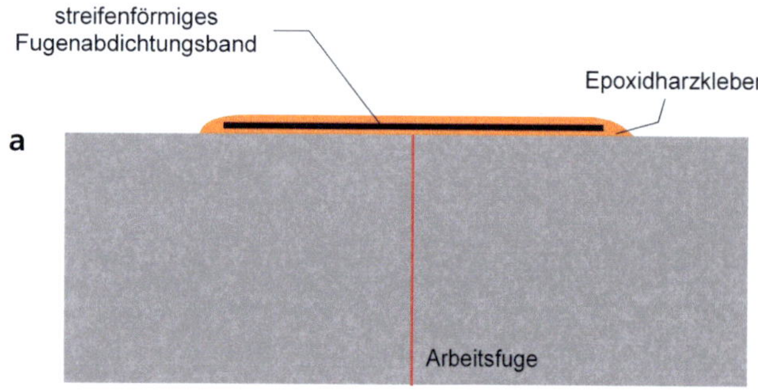

Bild 27: Prinzipskizze (a) bzw. praktische Ausführung (b) der Fugenabdichtung einer Arbeitsfuge mit einem streifenförmigen vollflächig aufgeklebten Fugenabdichtungsband

Bei der Verarbeitung von Abklebe- oder Adhäsionsdichtungen sind die Hinweise der Hersteller zu beachten. In der Regel muss der Klebeuntergrund eine ausreichende Festigkeit besitzen, frei von Rissen und Beschädigungen sein. Ggf. ist der Untergrund im Bereich der späteren Klebefläche abzuschleifen oder mit der Drahtbürste aufzurauen. Verschmutzungen, Dreck, Schalölrückstände u. a. sind zu entfernen. Ein Aufbringen auf Untergründe mit stehender Feuchte ist nicht möglich. Diese muss zunächst abgetrocknet werden. Des Weiteren sind die vom Hersteller angegebenen Temperaturbedingungen zu beachten und einzuhalten. Die Temperatur beeinflusst die Aushärtungszeit des Klebers. Mit abnehmender Temperatur nimmt die Aushärtungszeit zu. Dies ist beim Bauablauf unbedingt zu beachten. Erst wenn der Kleber entsprechend ausgehärtet ist, darf das Abdichtungssystem durch Wasser und Verformung beansprucht werden. Die Aushärtungszeit des Klebers und damit der Zeitpunkt der ersten Belastung werden von den Systemherstellern im Regelfall in Abhängigkeit zur Temperatur angegeben.

Insbesondere bei Elementwänden mit Mindestwanddicke (d < 30 cm), bei denen eine Ausführung mit einer innenliegenden Fugenabdichtung als kritisch zu betrachten ist, bietet eine Ausführung mit einem außenliegenden Abklebesystem deutliche Vorteile und eine höhere Sicherheit.

3.8 Fugenabdichtung von Sollrissquerschnitten

Wie bei Arbeitsfugen stehen auch bei der Abdichtung von Sollrissquerschnitten mehrere Ausführungsvarianten zur Auswahl. Prinzipiell müssen dabei zwei Anforderungen erfüllt werden:

- Querschnittsschwächung im Bereich des Sollrissquerschnitts (auch der den Querschnitt kreuzenden Bewehrung)
- Abdichtung des Sollrissquerschnitts.

Durch die Querschnittsschwächung des Bauteils wird ein Riss provoziert, der bei anstehendem drückendem Wasser zu einem Wassereintritt auf der Innenseite der Wand führt. Um dies zu verhindern, müssen Sollrissquerschnitte nicht nur im Bauteilquerschnitt geschwächt, sondern gleichzeitig auch abgedichtet werden. Sollrissquerschnitte ohne Abdichtung sind wie Trennrisse zu behandeln.

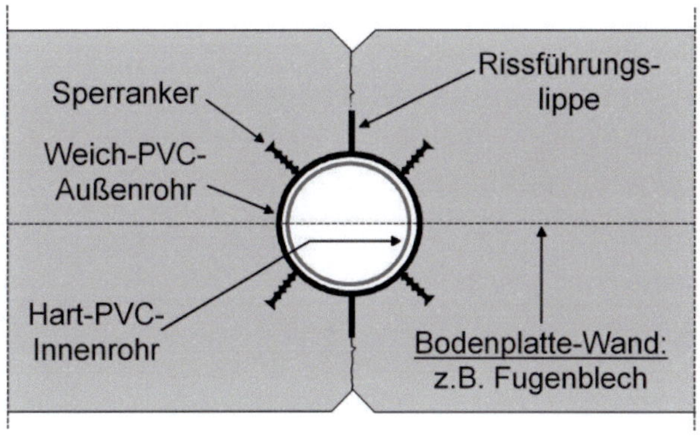

Bild 28: Dichtrohr zur Abdichtung von Sollrissquerschnitten

Bild 29: Dichtrohr

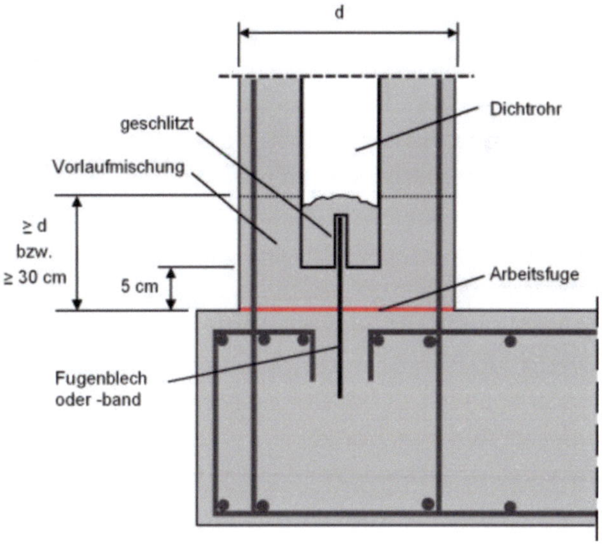

Bild 30: Ausbildung des Fußpunktes beim Einbau von Dichtrohren

Die Abdichtung von Sollrissquerschnitten in Wänden kann z.B. mit einem Dichtrohr erfolgen, siehe Bild 28 und 29. Entscheidend hierbei ist die sorgfältige Ausführung des Fußpunktes. Damit das untere Ende des Dichtrohres vollständig einbetoniert werden kann und sich, wie in Bild 30 dargestellt, ein

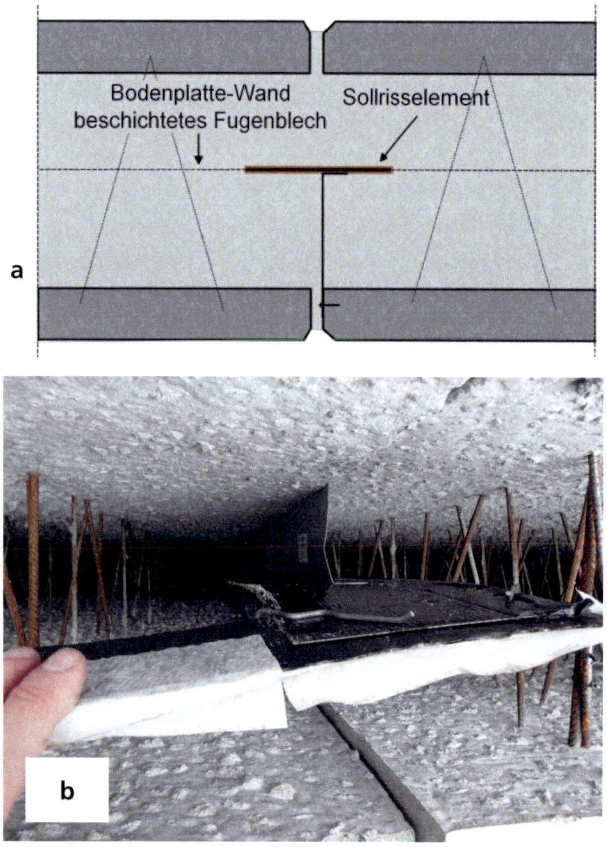

Bild 31: Sollrisselement mit beschichtetem Fugenblech in der Stoßfuge einer Elementwand (a: Prinzipskizze, b: Anwendungsbeispiel)

„Betonpfropfen" ausbilden kann, ist darauf zu achten, dass der Abstand zwischen der Arbeitsfuge und der Dichtrohrunterkante mindestens 5 cm beträgt. Durch das Einlegen von Dreikant- oder Trapezleisten in die Schalung werden die Lage und der Verlauf des Risses vorgegeben.

Alternativ ist auch die Ausführung des Sollrissquerschnittes mit einem Sollrisselement möglich. Hierbei handelt es sich um eine Schiene, bestehend aus zwei Blechen, von denen eines beschichtet ist, dass andere diese Beschichtung nicht aufweist. Letzteres dient zur Schwächung der Fuge und ist parallel zum gewünschten Sollriss angeordnet, während das beschichtete Blech rechtwinklig zum Sollriss angeordnet ist und die Aufgabe der Abdichtung übernimmt. Ein entsprechendes Beispiel zeigt Bild 31.

4 Zusammenfassung

Die Fugenabdichtung bei wasserundurchlässigen Bauwerken aus Beton erfordert die besondere Beachtung des Planers und der Ausführenden. Das Abdichtungssystem für sämtliche Fugen, Durchdringungen und Sollrissquerschnitte muss vom Planer schon in der Planungsphase detailliert festgelegt werden. Die Planung der Fugenabdichtung sollte möglichst frühzeitig in die Planung einbezogen werden, damit eine Abstimmung mit der Bewehrungsführung möglich ist. Keinesfalls darf die Fugenplanung erst auf der Baustelle vor Ort passieren. Der Erfolg der Abdichtung hängt wesentlich von der fachgerechten Umsetzung auf der Baustelle ab. Auf der Baustelle muss sorgfältig darauf geachtet werden, dass

- die Fugenabdichtung fachgerecht gelagert und transportiert wird
- die Fugenabdichtung lagerichtig und lagestabil eingebaut wird
- die Abdichtungsstöße und Kreuzungspunkte fachgerecht ausgeführt werden
- die Arbeitsfuge und die Fugenabdichtung vor dem Betonieren sorgfältig gesäubert werden
- die Einbaulage der Abdichtung, die Sauberkeit von Fuge und Abdichtung und die Unverletztheit der Abdichtung sorgfältig kontrolliert werden
- die Fugenabdichtung sorgfältig und fehlstellenfrei einbetoniert wird.

Bei Befolgen dieser grundlegenden Regeln können Undichtigkeiten im Bereich der Fugen bei fachgerechtem Betonieren weitestgehend vermieden werden.

5 Literatur

[1] Bundesanstalt für Straßenwesen (Hrsg.): Zusätzliche technische Vertragsbedingungen und Richtlinien für Ingenieurbauten - ZTV-ING. Verkehrsblattverlag, Stand 2007

[2] Bundesministerium für Verkehr, Abteilung Straßenbau (Hrsg.): Richtzeichnungen für Brücken und Ingenieurbauwerke. Dortmund, Verkehrsblattverlag, Stand 2007

[3] DBV - Merkblatt „Verpresste Injektionsschläuche für Arbeitsfugen". In: Deutscher Beton- und Bautechnik-Verein e.V. -DBV- (Hrsg.): DBV-Merkblatt-Sammlung. Wiesbaden, Selbstverlag, 1997

[4] Deutscher Beton- und Bautechnik-Verein e.V. (Hrsg.): Quellfähige Fugeneinlagen für Arbeitsfugen. In: DBV-Merkblatt-Sammlung. Merkblätter, Sachstandsberichte. Grundwerk 1997 einschl. 1. Erg. Berlin: Selbstverlag 1999

[5] Deutscher Ausschuss für Stahlbeton (Hrsg.): Wasserundurchlässige Bauwerke, Ausgabe: 2003-11. Richtlinie Wasserundurchlässige Bauwerke aus Beton (WU-Richtlinie). Berlin: Beuth 2003

[6] Deutscher Ausschuss für Stahlbeton (Hrsg.): Erläuterungen zur DAfStb-Richtlinie Wasserundurchlässige Bauwerke aus Beton (WU-Richtlinie). Heft 555, Beuth, Berlin, 2006

[7] DIN 7865, Ausgabe: 2006-06, Elastomer-Fugenbänder zur Abdichtung von Fugen in Beton, Teil 1: Form und Maße, Teil 2: Werkstoff-Anforderungen und Prüfung

[8] DIN 18197, Vornorm, Ausgabe: 2004-10, Abdichten von Fugen in Beton mit Fugenbändern

[9] DIN 18541, Ausgabe: 2006-09, Fugenbänder aus thermoplastischen Kunststoffen zur Abdichtung von Fugen in Ortbeton, Teil 1: Begriffe, Formen, Maße, Teil 2: Anforderungen, Prüfung, Überwachung

[10] Hohmann, R.: Abdichtung bei wasserundurchlässigen Bauwerken aus Beton. 2., überarb. und erweiterte Auflage, Stuttgart, Fraunhofer IRB Verlag, 2009

Autoreninformation

Prof. Dr.-Ing. Rainer Hohmann hat Bauingenieurwesen an der Universität Essen studiert und nach dem Studium zunächst in einem bauphysikalischen Ingenieurbüro gearbeitet, bevor er als wissenschaftlicher Assistent am Institut für Bauphysik und Materialwissenschaft der Universität Essen promovierte. Nach mehrjähriger Tätigkeit als technischer Leiter in der Abdichtungsindustrie ist er seit 2000 Professor für Bauphysik an der Fachhochschule Dortmund.

Weiße Dächer und Decken aus WU- Beton – Bautechnische Grundlagen und deren Umsetzung

Dipl.-Ing. Wolfgang Conrad

Bauberater und Sachverständiger des Deutschen Beton- und Bautechnik- Vereins E.V. für das Gebiet Mitte/Südwest in Wiesbaden*); Betoningenieur VDB, Wiesbaden

Einleitung

Bauwerke aus Beton, bei denen dieser neben der Lastabtragung auch die Funktion der Wasserundurchlässigkeit ohne zusätzliche (flächige) Abdichtungsmaßnahmen übernimmt, werden als wasserundurchlässige (kurz: WU-) Bauwerke oder z.B. bei Einbindung ins Erdreich, als sogenannte »Weiße Wannen« bezeichnet. Die Vorteile dieser seit mehr als 40 Jahren im Hoch- und Wirtschaftsbau oder beim Bau von Wasser- und Abwasseranlagen angewandten Bauweise liegen in der verhältnismäßig einfachen Konstruktion, einem schnellen Baufortschritt sowie im Gegensatz zur »Schwarzen Wanne« in einer geringeren Witterungsabhängigkeit bei der Bauausführung durch Wegfall einer Außenhautabdichtung, was in der Regel auch zu einer erhöhten Wirtschaftlichkeit führt.

Die Erzielung einer definierten Wasserundurchlässigkeit bedeutet dabei die Erfüllung einer Nutzungsbedingung oder, mit technischen Worten – eines Gebrauchstauglichkeitskriteriums. Die hierzu gehörenden Anforderungen werden weder in DIN 1045–1 [1] noch in DIN 1055–100 [2] geregelt. In beiden Normen gibt es lediglich Hinweise auf einen zusätzlichen Regelungsbedarf, z.B. in DIN 1045–1, Abschnitt 1 (5) und Abschnitt 11.2.1 (6), sowie in DIN 1055–100, Abschnitt 10.1 (5). Danach sollten diese Anforderungen im Einzelfall in Bauverträgen oder in den Entwurfsunterlagen geregelt werden.

Die Grundsätze in der neuen DIN 18195, Ausgabe 08.2000 [3], gelten nur für »Schwarze Wannen«, d.h. für »Weiße Wannen« ausdrücklich *nicht*. Da außer einigen Veröffentlichungen und dem Merkblatt für wasserundurchlässige Bauwerke des DBV von 1996 [4] keine gesonderte Norm für die »Weiße« Bauweise in Deutschland existierte, entschloss man sich im Deutschen Ausschuss für Stahlbeton e.V. (abgekürzt: DAfStb), die bestehende Regelungslücke zu schließen und eine eigenständige Richtlinie [5] zu erstellen, um der Praxis bei der Errichtung wasserundurchlässiger Bauwerke Entscheidungshilfen an die Hand zu geben. Gleichzeitig wollte man rechtlichen Streitigkeiten, insbesondere im Bereich üblicher Wohnbauten, bei denen »Weiße Wannen« im drückenden Grundwasser bislang bauaufsichtlich als eine nicht geregelte Bauweise galten, aus dem Weg gehen. Laut der von Fachleuten aus Wissenschaft, Praxis und Verwaltung verfassten Richtlinie können neben den Bauwerken des allgemeinen Hoch- und Wirtschaftsbaus (Bauteildicken 30–40 cm) die Prinzipien und Grundsätze dieser Richtlinie sinngemäß für andere Bauteildicken angewandt und auch auf andere Betontragwerke übertragen werden, wobei jedoch in der Regel weitere Gesichtspunkte zu berücksichtigen sind, wie bei der Errichtung wasserundurchlässiger Dächer und Decken [5].

Im Mai 2004 (Ausgabe November 2003) wurde die WU-Richtlinie veröffentlicht [5]. Inhaltlich wird dabei bewusst auf Angaben zu allen technischen Einzelheiten verzichtet, um gleichzeitig auch den Umfang der Richtlinie von 18 Seiten nicht zu sprengen. Im konkreten Anwendungsfall sind die Beteiligten somit gefordert.

Ausführlichere Angaben zu technischen Hintergründen enthalten die im Sommer 2006 veröffentlichten Erläuterungen zur WU- Richtlinie, die als Heft 555 des DAfStb [6] erschienen sind.

Hinweise für die Planung und Ausführung von wasserundurchlässigen Dächern und Decken werden im vorliegenden Beitrag gegeben, um spätere Nutzungseinschränkungen zu vermeiden. Dabei wird

*) Spezialgebiete: Wasserundurchlässige Baukörper aus Beton, Sichtbeton, Unterwasserbeton, Maßtoleranzen, Nachbehandlung von Beton, Bautechnische Fragen zu Ingenieurbauwerken (U-Bahnbau, Trink- und Abwasser, Brücken, Parkdecks- und Tiefgaragen), Qualitätsmanagement, Technische Vertragsinterpretation, Fragen zur Schiedsgerichtsordnung, Projektmanagement, Bildung von Argen, Präqualifikationsverfahren, (Bauphysik)

analog den Vorbemerkungen zur WU- Richtlinie auf Anforderungen eingegangen, die den Betonbau unmittelbar betreffen. Hinweise für weitere Maßnahmen, die nutzungsbedingt erforderlich sein könnten, sind informativen Charakters. Die gestellten Anforderungen können neben Berücksichtigung der technischen Erfordernisse nur durch intensive Zusammenarbeit aller Baubeteiligten erfüllt werden. Es ist insbesondere erforderlich, dass die technischen Verantwortlichkeiten der Baubeteiligten und der Koordinierungsbedarf für ihre Tätigkeiten festgelegt und dokumentiert werden.

Konstruktive, betontechnologische und ausführungstechnische Grundsätze

»Weiße Decken« sind wie »Weiße Wannen« Betonbauteile, bei denen der Beton die Trag- und Dichtfunktion übernimmt. Einsatzgebiete für »Weiße Dächer« sind erdüberschüttete oder gedämmte Dächer von Wohn- und Bürogebäuden, von Tiefgaragen oder von Behältern. Dabei ist für das Verbreitungsgebiet der Bauweise »Weiße Decken« ein bundesweites Nord-Südgefälle zu beobachten.

Wasserundurchlässige Betonbauwerke können nach der WU-Richtlinie durch die folgenden drei unterschiedlichen Entwurfsgrundsätze konzipiert werden:

- Grundsatz A – Risse vermeiden
  - Vermeidung von Trennrissen durch Festlegung von konstruktiven, betontechnischen und ausführungstechnischen Maßnahmen
- Grundsatz B – Begrenzung der Rissweite
  - Festlegung von Trennrissbreiten, die abhängig von der Beanspruchungsklasse die Anforderungen erfüllen, Rissbreite so klein (i.A. 0,1–0,2 mm), dass Selbstheilung möglich
- Grundsatz C – Trennrisse und ergänzende Dichtmaßnahmen
  - Festlegung von Trennrissbreiten, die in Kombination mit im Entwurf vorgesehenen Dichtmaßnahmen die Anforderungen erfüllen (rechn. Rissbreiten 0,2–0,3 mm).

Welcher Entwurfsgrundsatz der Bemessung zugrunde gelegt wird, hängt maßgeblich von der Nutzung, der Art und dem Zeitpunkt der Wasserbeanspruchung und den konstruktiven und betontechnologischen Umsetzungsmöglichen bei der Planung und Ausführung der »Weißen Wannen« ab. Auch wenn Dächer in wasserundurchlässiger Bauweise in der Regel einem geringen Wasserdruckniveau ausgesetzt sind, so ist der Lastfall nichtdrückendes Wasser (ausschließlich auf horizontalen und geneigten Flächen) in die gleiche Beanspruchungsklasse 1 wie drückendes Wasser (im Bereich einer »Weißen Wanne« im Erdreich) in der WU-Richtlinie eingestuft. Aufgrund der hohen Gebrauchstauglichkeitsanforderung an Decken und Dächer im Wohnungs- und Gewerbebau erfolgt darüber hinaus die Einstufung in die Nutzungsklasse A, d. h. keine Feuchtestellen durch Wasserdurchtritt und keine – auch nicht temporär – wasserführenden Risse und Fugen.

Daher ist bei »Weißen Decken« der sonst häufig verwendete Entwurfsgrundsatz B »Begrenzung der Rissbreite« ungeeignet, weil der erforderliche Selbstheilungserfolg der Risse nicht mit ausreichender Sicherheit eintritt. Ziel eines Entwurfs muss eher das Vermeiden von Rissen oder das Zulassen einzelner weniger Risse mit anschließender abdichtender Injektion sein. Sind die lastabhängigen Schnittgrößen hoch und erfordern hohe Bewehrungsgrade, muss zwingend das Konzept »Risse vermeiden« gewählt werden, weil die sonst entstehenden Risse alleine aufgrund der lastbedingten Bewehrungsmenge verteilt werden. Darüber hinaus muss es zur sicheren Erkennung von Rissen möglich sein, Wasser frühzeitig aufzustauen und auf die Decke einwirken zu lassen.

Das ideale Entwurfskonzept »Risse vermeiden« setzt voraus, dass die im Betonquerschnitt entstehenden Zwangspannungen unterhalb der zum jeweiligen Zeitpunkt vorliegenden Betonzugfestigkeiten liegen. Zur Umsetzung eines Konzepts »Risse vermeiden« müssen deshalb planmäßig Maßnahmen zur Reduzierung von Zwangsspannungen erfolgen. Derartige Maßnahmen sind sowohl konstruktive Maßnahmen (Lagerungsbedingungen, Sollriss-, Arbeitsfugenquerschnitte), betontechnologische Maßnahmen (Zemente mit niedriger Wärmeentwicklung, niedrige Zementgehalte, Einsatz von Flugasche, niedrige Frischbetontemperatur) sowie ausführungstechnische Maßnahmen (Nachbehandlung, Steuerung der abfließenden Hydratationswärme). Um Vorschädigungen (Rissbildung, Verbundstörungen) in der Erhärtungsphase des Deckenbetons zu vermeiden, kann es in Abhängigkeit der Betonierabschnitts-

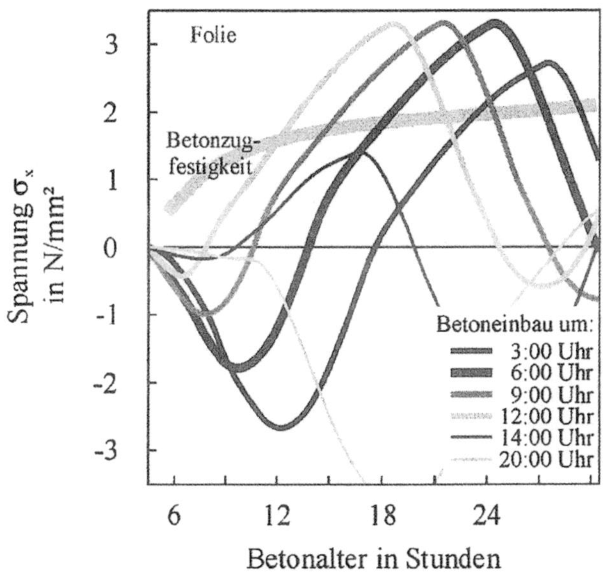

Bild 1: Wahl des richtigen Betonierzeitpunktes

größe und den Witterungsbedingungen sinnvoll sein verzögerten Beton gemäß DAfStb- Richtlinie »Verzögerter Beton« [7] zu verwenden. Trotz der gegenüber dicken Bodenplatten geringeren Bauteilstärke von »Weißen Decken« sollte der Wahl des richtigen Betonierzeitpunktes, insbesondere in den Sommermonaten, ein besonderes Augenmerk geschenkt werden, um der Bildung von Trennrissen vorzubeugen. (Bild 1) In den Wintermonaten ist hingegen auf ein zu schnelles Auskühlen des »dünnen« Deckenbauteils zu achten.

Neben den in der Richtlinie »Wasserundurchlässige Bauwerke aus Beton (WU- Richtlinie) [5] in den Abschnitten 7 und 9 genannten Entwurfs- und Konstruktionsgrundsätzen sind folgende Grundsätze zu berücksichtigen, die über die Qualität eines wasserundurchlässigen Stahlbetondaches entscheidend mitbestimmen:

- Konstruktion und Lagerungsbedingungen von Abschlussdecken sowie die Grundrissform sollen eine eindeutige Beurteilung des Verformungsverhaltens in der Deckenebene ermöglichen
- stark gegliederte Deckenquerschnitte sind zu vermeiden, d. h. Wahl einer gedrungenen Grundrissgeometrie, Verzicht auf einspringende Ecken und Versprünge in der Deckenebene, auf regelmäßige, zwängungsarme Auflagerung achten
- ggf. Anordnung von Fugen, dabei sind insbesondere auch Arbeitsfugen rechtzeitig zu planen
- auf eine möglichst einfache Bewehrungsführung achten, dabei sind die Mindestbewehrungsabstände zu berücksichtigen
- zur Verringerung von klimatisch bedingten Temperaturverformungen sind Puffer- bzw. Dämmschichten anzuordnen
- die Dachränder (Attika) müssen in einem Arbeitsgang mit der Abschlussdecke betoniert werden, andernfalls ist eine Arbeitsfuge auszubilden
- die Dichtheit von Anschlüssen an aufgehenden Bauteilen muss bis mindestens 15 cm über Oberkante Kiesstreifen, Begrünung oder Belägen gewährleistet sein
- ein entwurfsmäßig vorgesehenes Dachgefälle ist im Konstruktionsbeton der Abschlussdecke auszubilden. Nachträglich aufgebrachte Gefälleschichten (z. B. Estriche) sind nicht zulässig
- für Durchdringungen sind Aussparungen mit Aufkantungen ausreichender Höhe und Breite vorzusehen. Andernfalls müssen speziell für WU- Bauwerke entwickelte Einbauteile mit nachgewiesener Dichtheit verwendet werden
- bei erdüberschütteten Flächen ist zu prüfen, ob der Beton gegen den chemischen Angriff aus Humussäuren oder anderen Bodeninhaltsstoffen auszulegen ist.

Dabei werden die Lagerungsbedingungen des Betondachs maßgeblich beeinflusst durch:

- Gliederung der genutzten Ebene
- Steifigkeitsverhältnisse (Verformungsbehinderungen) der tragenden Bauteile (Stützen, Wände, Unterzüge)
- Art der Auflagerung der »Weißen Decke«
- bei Bauteilen mit abschnittsweiser Herstellung durch Steifigkeitsverhältnisse der angrenzenden fertigen Bauabschnitte
- veränderliche Lagerungsbedingungen der Bauteile im Zuge des Baufortschritts.

So zwingen sich die Bauteile bei direkter Auflagerung der Dachdecke auf den Wänden gegenseitig Verformungen auf, die bei Erreichen der Bruchdehnung zu Rissen führen. Daher ist in diesen Fällen entweder der rechnerische Nachweis über die Unschädlichkeit der Verformung zu führen oder durch konstruktive Maßnahmen z.B. in Form einer verschiebbaren Lagerung. Um Rissschäden in den unmittelbar unter den Dächern befindlichen Wänden zu vermeiden, sind ggf. über allen Außenwänden und tragenden Innenwänden Stahlbetongurte als Ringbalken anzuordnen [8].

Zwangspannungen können im jungen Alter des Betons aber auch während der späteren Nutzung entstehen, wenn die Decken keine ausreichende Temperaturstabilität aufweisen. Diese wird i.A. durch eine ausreichend wirksame Wärmedämmung (Dämmschicht) und oder durch eine ausreichend dicke Überschüttungsschicht erreicht. Mit einer derartigen Maßnahme wird auch verhindert, dass der Beton durch Frost beansprucht wird.

Dabei sollte insbesondere bei starker Sonneneinstrahlung auf eine Dachfläche, bei der die endgültige Wärmedämmung/Pufferschichten noch nicht aufgebracht sind, darauf geachtet werden, dass eine stärkere Erwärmung der Dachdecke durch provisorisch aufgelegte Dämmmaterialien verhindert wird. Bei frisch betonierten Decken eignet sich auch ein zusätzliches Bewässern, das gleichzeitig die 3 Funktionen Nachbehandlung, Dichtigkeitsprüfung, provisorischer Schutz gegen punktuelle Temperaturbeanspruchung übernimmt. (Bild 3)

Die Lage der endgültigen Dämmschicht und die Art des Gesamtaufbaus der Deckenkonstruktion haben Auswirkungen auf Konstruktion und Verhalten des wasserundurchlässigen Flachdaches aus Beton.

In Abhängigkeit der Lage der Dämmschicht unterscheidet man zwischen 4 Dacharten:

- Dächer mit oberseitiger Wärmedämmung (Umkehrdach)
- Dächer mit unterseitiger Wärmedämmung
- Dächer mit Kerndämmung (Sandwichdach)
- sowie eine Kombination aus den beiden zuerst genannten Bauweisen.

Bild 3: Geflutete Dachfläche vor Aufbringung der Dämmung

Die häufigste Ausführungsart ist das Dach mit oberseitiger Dämmschicht, das sogenannte Umkehrdach, d.h. die Dämmung liegt oberhalb der Abdichtung und ist somit anders als bei der klassischen Anordnung der Feuchtigkeit ausgesetzt.

Durch diese zusätzliche Feuchtigkeitsbeanspruchung kommen als geeignete Materialien nur Dämmplatten aus extrudierten Polystrol-Hartschaumplatten XPS gem. DIN EN 13164 [9] oder Dämmplatten aus Schaumglas CG gem. DIN EN 13167 [10] in Betracht. Dabei sind die in Abhängigkeit der beiden Dämmstoffarten in der jeweiligen bauaufsichtlichen Zulassung genannten Mindest- und Höchstplattendicken zu beachten. Ebenfalls zu beachten ist, dass die Dämmplatten zwar flüssigkeitsdicht jedoch nicht wasserdampfdicht sind.

Um spätere Schäden zu vermeiden, ist daher ein diffusionsoffener Aufbau insbesondere bei intensiver Begrünung oberhalb der Dämmung sicherzustellen. Doch auch bei Dachterrassen mit einem Belag aus Naturstein oder Schiefer, bei dem der Fugenanteil im Verhältnis zum wasserdampfdichten Plattenbelag gering ist, muss auf einen ausreichenden Dampfdruckausgleich geachtet werden.

Die Verlegung der mittels einer Kantenprofilierung (Stufenfalz) ausgebildeten XPS- Platten erfolgt dabei nach einem ggf. zuvor durchgeführten Ausgleich der Betondeckenoberfläche, im dicht gestoßenen einlagigen Verband. Um Wärmeverluste durch Umläufigkeiten zu vermeiden ist eine wasserableitende, diffusionsoffene und hochreißfeste Trennlage (z.B. aus Polyäthylenmikrofäden) oberhalb der Dämmschichten zu verlegen. Dadurch wird das Niederschlagswasser oberhalb der Trennlage abgeleitet und der bislang zu kompensierende Wärmeverlust durch Regenwasserabfluss unterhalb der Dämmschicht so gering, dass sowohl der Zuschlag auf die Wärmedämmung als auch eine vollflächige Verklebung mit der Betondecke entfallen kann. Die Verlegung der Trennlage muss am Tiefpunkt des Daches (Dacheinlauf) beginnen.

In diesem Zusammenhang ist neben einer planmäßigen Entwässerung der Dachfläche auch eine entsprechende Notentwässerung durch Überläufe/ Wasserspeier vorzusehen. (Bild 5)

Bild 5: Attika Dachterrasse mit Notüberlauf

Darüber hinaus ist die oberseitige Dämmung noch zusätzlich durch eine in Abhängigkeit zur Gebäudehöhe bemessenen Auflast (z. B. in Form von Bekiesung), sowohl in der Fläche als auch in den Rand- und Eckbereichen gegen Abheben bei Windeinwirkungen und gegen Auftrieb dauerhaft zu schützen. (Bilder 2 und 4)

Die übrigen drei zuvor angesprochenen Dacharten spielen laut [11] zurzeit eine eher untergeordnete Rolle. So wird im Neubaubereich nicht nur nach dem Inkrafttreten der Wärmeschutzverordnung wegen der erforderlichen dickeren Dämmschichten und dem damit ggf. verbundenen Verlust an Raumhöhe im oberen Geschoß auf eine Dachausbildung mit unterseitiger Dämmung verzichtet, sondern auch aufgrund der infolge großer Temperaturdifferenzen erforderlichen Berücksichtigung von Längenänderungen durch gleitende Lagerung. Die Ausbildung von Dächern mittels Kerndämmung scheitert meist bereits aus wirtschaftlichen Überlegungen (mit Ausnahme bei Balkon- und Terrassenhalbfertigteilen). Dächer, die im Zuge der Wärmeschutzverordnung z. B. im Bestand aufgerüstet werden, könnten zukünftig ggf. mittels der »Kombinationsbauweise« ergänzt werden.

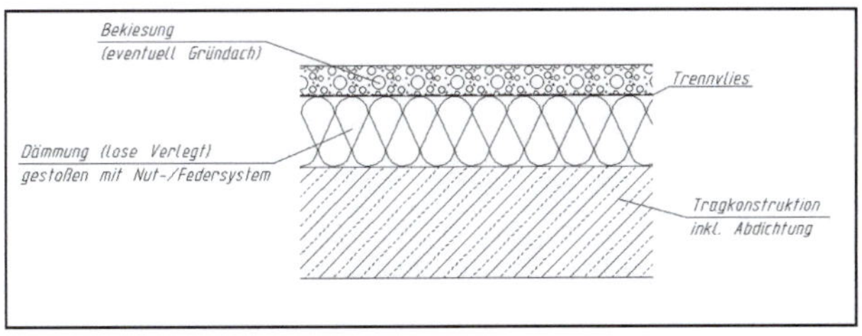

Minimale Aufbauhöhe der Bekiesung: 5 cm (Grobkies 16-32mm)
In Randbereichen bis 8 m Höhe: 6 cm
In Randbereichen bis 20 m Höhe: 9 cm

Bild 2: Prinzip Umkehrdachkonstruktion mit WU- Beton

Bild 4: Dachvlies mit Trennvlies und teilweise ausgeführter Bekiesung

Als Pufferschichten im Sinne des oben genannten zusätzlichen Konstruktionsgrundsatzes 5 sind folgende Ausführungen anzusehen:

- Großflächenplatten auf Stelzlagern oder Kies/Splittbettung
- Betonsteinpflaster auf Dränschicht und Sandbettung
- Funktionsschichten für Begrünung [8]
- Kiesschüttung.

Dachdurchdringungen, Einbauteile, Befestigungen von Dachaufbauten

Während Dachdurchdringungen, wie z. B. Be- und Entlüftungsrohre, Dachabläufe, Lichtkuppeln etc. bei »Schwarzen« Decken nach DIN 18195 [3] bzw. nach den Regeln des Zentralverbandes des deutschen Dachdeckerhandwerks [12] ein- und angedichtet werden, sind für die »Weißen Decken« besondere Bauteile erforderlich, die in ihrer endgültigen Lage bereits vor dem Betonieren der Decke eingebaut werden müssen. Neben dem exakten Einmessen ist hierbei besonders auf eine sorgfältige Sicherung gegen Umkippen oder Verschieben während des Betonierens der Decke zu achten und im Bereich der Dachabläufe auf die Anordnung eines jederzeit zugänglichen Kontrollschachtes. (Bild 8)

Im Gegensatz zur »Schwarzen Decke« sind Aussparungen ohne Aufkantungen zum späteren Einsetzen der Einbauteile nicht zulässig, da hierbei Undichtigkeiten nicht auszuschließen sind. Unzulässig sind auch nachträgliche Stemmarbeiten. Hingegen sind in

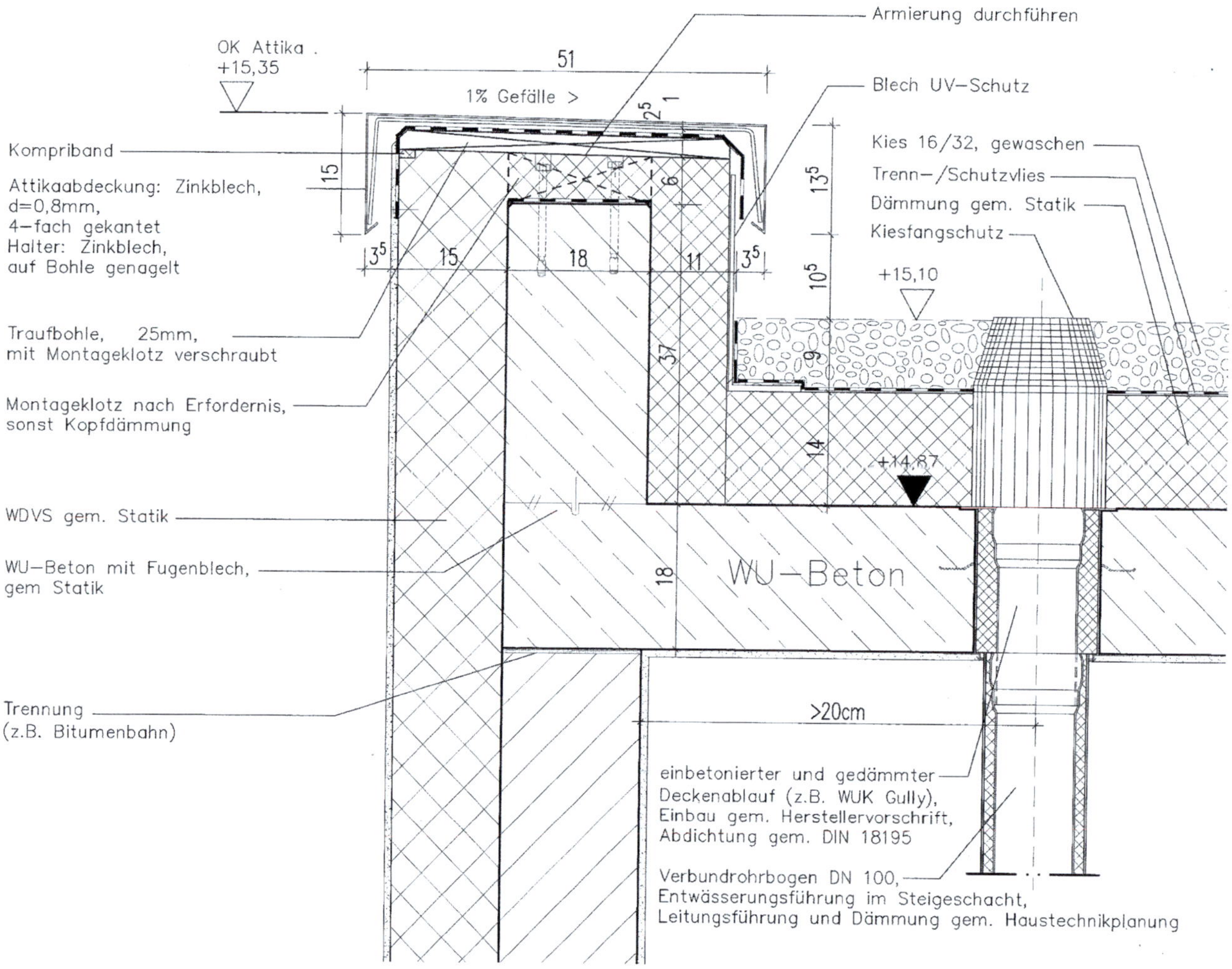

Bild 8: Planung Deckenablauf

Bild 9: Kritischer Bereich der Rohrdurchführung

Notfällen bei Entlüftungsrohren vereinzelt schon Ausführungen erfolgreich durchgeführt worden, in denen man die »Einbauteile« nachträglich in Kernbohrungen eingesetzt hat und die Öffnung mittels Zementmörtel mit Quellzusatz und Haftanstrich verschlossen hat. Sicherheitshalber empfiehlt sich für solche Notfälle jedoch eine zusätzliche Abklebung analog der Vorgehensweise bei schwarzen Decken. Dabei sollten die Abdichtungsanschlüsse mindestens 10 cm über Oberkante einer späteren Bekiesung geführt werden. (Bild 9)

Für das spätere Setzen von Lichtkuppeln (Bild 10) und Dachaustritten (Bilder 6 und 7) empfiehlt sich die Ausbildung von Aufkantungen. Diese können entweder im Zuge des Betonierens der Decke mit ausgebildet werden oder in einem anschließenden Betoniervorgang. Dies bedeutet jedoch das Einsetzen von Fugenbändern oder – blechen analog einer Attika- bzw. einer Sohle/Wandausbildung. (Bild 8)

Bild 10: Kritischer Bereich Betonaufkantung für Lichtkuppel und Notausstieg

Bild 7: Austritt Dachterrasse im Baufortschritt

Im Gegensatz zu »Schwarzen Dächern« können Befestigungen für Aufbauten jeder Art zu jeder Zeit bei »Weißen Dächern« ohne Beeinträchtigung der Dichtigkeit der Dachkonstruktion durchgeführt werden. So können Befestigungsbohrungen z. B. für Klimageräte oder nachträgliche Stahlaufbauten, die auf der Dachdecke montiert werden, bis zu 80 mm Tiefe und 12 mm Durchmesser bedenkenlos hergestellt werden [8].

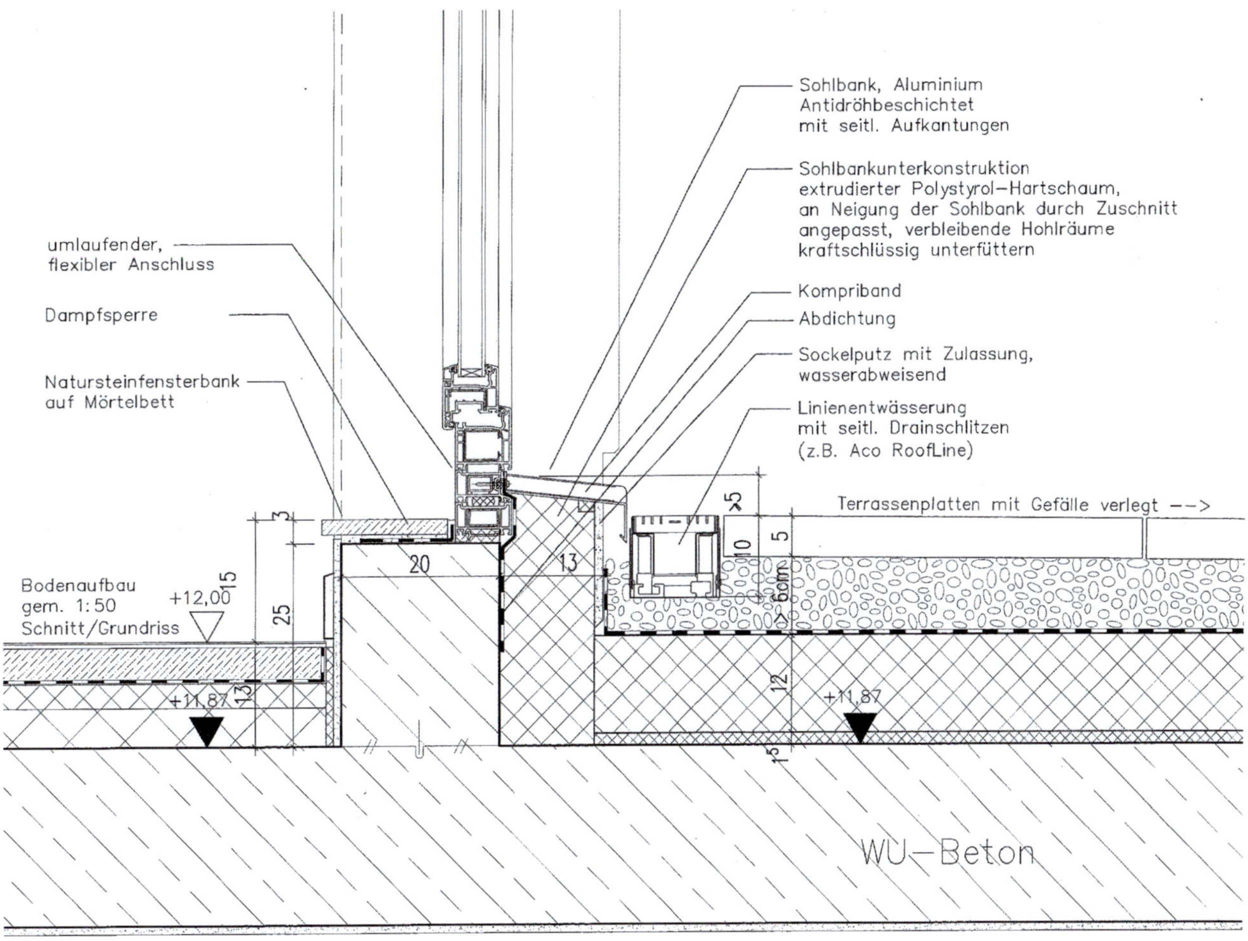

Bild 6: Dachterrasse (Bereich Austritt)

Fazit:

- Einsatzgebiete für »Weiße Dächer« sind erdüberschüttete oder gedämmte Dächer von Wohn- und Bürogebäuden, von Tiefgaragen oder von Behältern
- »Weiße Decken« (Dach) erfordern neben den Entwurfs- und Konstruktionsgrundsätzen der DAfStb-WU- Richtlinie die Berücksichtigung weiterer Gesichtspunkte insbesondere aus Bauwerksgeometrie und dem Lastfall Temperatur
- nicht jede Dach- oder Geschossdecke kann allein durch Maßnahmen zur Begrenzung der Rissbreite und zur Fugenplanung zur »Weißen Decke« gemacht werden
- die Beherrschung der rissauslösenden Zwangsspannungen erfolgt durch Kombination aus konstruktiven, betontechnologischen und ausführungstechnischen Maßnahmen
- die gestellten Anforderungen können neben Berücksichtigung der technischen Erfordernisse nur durch intensive Zusammenarbeit aller am Bau Beteiligten erfüllt werden.

Literatur

[1] DIN 1045–1: Tragwerke aus Beton, Stahlbeton und Spannbeton. Teil 1: Bemessung Konstruktion. Ausgabe 07.2001, Beuth Verlag, Berlin

[2] DIN 1055–100: Einwirkungen auf Tragwerke. Teil 100: Grundlagen der Tragwerksplanung, Sicherheitskonzept und Bemessungsregeln. Ausgabe 03.2001, Beuth Verlag, Berlin

[3] DIN 18195–1: Bauwerksabdichtungen. Teil 1: Grundsätze, Definitionen, Zuordnung und Abdichtungsarten. Ausgabe 08.2000, Beuth Verlag, Berlin

[4] Deutscher Beton-Verein E.V. (DBV): Wasserundurchlässige Baukörper aus Beton. Fassung Juni 1996.

[5] Deutscher Ausschuss für Stahlbeton (DAfStb) im DIN: Richtlinie »Wasserundurchlässige Bauwerke aus Beton (WU-Richtlinie)«. Ausgabe November 2003 mit Berichtigungsblatt 1: 05.2005, Beuth Verlag, Berlin

[6] Deutscher Ausschuss für Stahlbeton (DAfStb) im DIN: Heft 555 »Erläuterungen zur DAfStb- Richtlinie Wasserundurchlässige Bauwerke aus Beton« (2006), Beuth Verlag, Berlin

[7] DAfStb- Richtlinie für Beton mit verlängerter Verarbeitungszeit »Verzögerter Beton« Beuth Verlag, Berlin 2006

[8] Zement Merkblatt Hochbau: Begrünte Dächer, Verein Deutscher Zementwerke e.V., Düsseldorf, 1998

[9] DIN EN 13164, Ausgabe:2001–10 Wärmedämmstoffe für Gebäude – Werkmäßig hergestellte Produkte aus extrudiertem Polystyrolschaum (XPS) – Spezifikation; Deutsche Fassung EN 13164:2001, Beuth Verlag, Berlin

[10] DIN EN 13167:2001 sowie DIN EN 13167 Berichtigung 1, Ausgabe:2006–06 Wärmedämmstoffe für Gebäude – Werkmäßig hergestellte Produkte aus Schaumglas (CG) – Spezifikation; Deutsche Fassung EN 13167:2001, Berichtigungen zu DIN EN 13167:2001–10; Deutsche Fassung EN 13167:2001/AC:2005, Beuth Verlag, Berlin

[11] Lohmeyer, Ebeling: Schäden an wasserundurchlässigen Wannen und Flachdächern aus Beton, 4. Auflage 2007, Fraunhofer IRB Verlag, Stuttgart

[12] Deutsches Dachdeckerhandwerk: Regeln für Dachdeckungen, Zentralverband des Deutschen Dachdeckerhandwerks e.V., -ZVDH-, Fachverband Dach-, Wand- und Abdichtungstechnik e.V., Köln, 6.Auflage 2007

Autoreninformation

Dipl.-Ing. Wolfgang Conrad

1983	Diplom im Bauingenieurwesen, Technische Universität Hannover
1983–2000	Philipp Holzmann AG, Oberbauleiter zahlreicher Großbaustellen im Ingenieurbau
1995	Auszeichnung mit dem Wilhelm-Holzmann-Preis
2000–2005	Deutscher Beton- und Bautechnik-Verein E.V. (DBV), Berlin Bereichsleiter Bautechnik und Forschung, stellv. DBV-Geschäftsführer
seit 2006	DBV-Bauberater, Gebiet Mitte/Südwest, Wiesbaden
seit 6/2008	zusätzl. Geschäftsführer der Bundesfachabteilung Eisenbahnoberbau im HDB

Dipl.-Ing. Hartmut Sass

1979	Diplom im Bauingenieurwesen, Fachhochschule Hamburg
1979-1981	Dyckerhoff + Widmann AG, Statiker im Ingenieurbau
Ab 1981	Otto Wulff Bauunternehmung GmbH & Co.KG, Leiter des technischen Büros, Prokurist, Mitglied der Geschäftsleitung

Schäden an WU-Konstruktionen aus Sicht eines Gerichtsgutachters

Dr.-Ing. Klaus-R. Goldammer,
Deutscher Beton- und Bautechnik-Verein E. V., Berlin

Eigentlich ist das Thema doch einfach: Wasserundurchlässige Bauwerke aus Beton bezeichnet man als »Weiße Wannen«. Ihre Planung und Ausführung sind in der zugehörigen DAfStb-Richtlinie [1] geregelt und in der Fachliteratur z. B. in [2] beschrieben. Dennoch bleiben für Bauherren, Architekten, Tragwerksplaner und Bauunternehmer vielfach technische und vertragliche Fragen offen. Folglich erlebt man es als Gutachter und als DBV-Bauberater fast täglich: Bauherr, Auftraggeber oder Planer einerseits und ausführendes Unternehmen andererseits streiten sich über WU-Konstruktionen.

Nachfolgend werden deshalb ausgewählte Beispiele aus der Praxis in ihren wesentlichen Zügen vorgestellt. Die Zusammenstellung der vorgetragenen Fälle beruht auf der gutachterlichen Erfahrung, dass bestimmte Schadenstypen wiederholt vorkommen. Rückschlüsse auf reale Einzelfälle sind jedoch nicht möglich, weil die vorgestellten Schadensfälle verändert bzw. verallgemeinert wurden.

Fall 1: »wasserdichter Beton«

Die Ausschreibung sah folgende Passage vor: »Böden und Wände des Kellers in wasserundurchlässigem Beton nach DIN 1045–2, Ziffer 5.5.3« [3]. Erwartet hatte der Planer hier eine Weiße Wanne und einen trockenen Keller, nicht einen Keller für eine hochwertige Nutzung aber einen für untergeordnete Zwecke (z. B. Lagerraum, Waschraum, Bügelzimmer). Im Leistungsverzeichnis erschien jedoch keiner der o. a. die Gebrauchstauglichkeit bestimmenden Begriffe. Auch im allgemeinen Teil der Ausschreibung wurde an keiner Stelle beschrieben, welche Nutzung im Keller vorgesehen war.

Bei der gutachtlichen Betrachtung war vom Text des Leistungsverzeichnisses auszugehen. Der Begriff »wasserundurchlässiger Beton« stammt von der ehemaligen Fassung der DIN 1045, hat sich in der Fachwelt aber sprachlich trotz neuer Terminologie bis heute gehalten. Im LV-Text war auf die DIN 1045–2 [3] in der aktuellen Fassung Bezug genommen worden. Deren Ziffer 5.5.3 spricht von Beton mit einem hohen Wassereindringwiderstand und schreibt in Abhängigkeit von der Bauteildicke einen maximalen Wasserzementwert, einen Mindestzementgehalt und eine Mindestdruckfestigkeit vor.

Der zugehörige Teil der mitgeltenden DIN EN 206–2 [4] lautet: »Wenn der Widerstand gegen Eindringen von Wasser an Probekörpern zu bestimmen ist, müssen das Verfahren und die Konformitätskriterien zwischen dem Verfasser der Festlegungen und dem Hersteller vereinbart werden. Solange kein vereinbartes Prüfverfahren vorliegt, darf der Wassereindringwiderstand indirekt durch Grenzwerte für die Betonzusammensetzung festgelegt werden.« Unter einem vereinbarten Prüfverfahren kann man in diesem Zusammenhang z. B. die Bestimmung der Wassereindringtiefe unter Druck gemäß DIN EN 12390–8 verstehen. Die neue DIN [3] fordert wie der obige Textauszug besagt – im Gegensatz zur alten DIN 1045 – derartige Prüfungen nicht mehr. Auch wird nicht mehr gefordert, bestimmte Grenzwerte der Wassereindringtiefe einzuhalten.

Folglich ist unter einem Beton mit einem hohen Wassereindringwiderstand nach DIN 1045–2 [3], Ziffer 5.5.3 ein Baustoff zu verstehen, für den Prüfverfahren und Prüfkriterien zu vereinbaren sind. Falls keine Vereinbarungen getroffen sind, wird die Konformität im oben beschriebenen Sinn über die Betonzusammensetzung festgelegt.

Allerdings ist damit erst einmal nur der »reine« Baustoff Beton geregelt. Die Gesamtkonstruktion ist damit nicht gemeint. Die DAfStb-Richtlinie »Wasserundurchlässige Bauwerke aus Beton« [1] stellt in diesem Zusammenhang den allgemein anerkannten Stand der Technik zu WU-Konstruktionen dar. Ziffer 4 der Vorschrift besagt unter der Überschrift: »Aufgaben der Planung« unter anderem folgendes:

> *»(1) Die Planung im Sinne dieser Richtlinie umfasst die Festlegung der Funktion und der Nutzungsanforderungen des Bauwerks*

und der hierzu erforderlichen Regelungen zur Gebrauchstauglichkeit und Dauerhaftigkeit für Entwurf und Ausführung.

......

(3) Bei der Planung sind die folgenden die Wasserundurchlässigkeit beeinflussenden Gesichtspunkte einzeln und in ihrem Zusammenwirken zu berücksichtigen:

a) Wahl eines geeigneten Betons;

b) Wahl von Bauteilabmessungen und Bewehrungsführung, die den planmäßigen Einbau von Fugenabdichtungen und einen fehlstellenfreien Betoneinbau ermöglichen;

c) Vermeidung, dauerhafte Abdichtung oder Begrenzung der Breite von Rissen;

d) Planung sämtlicher Fugen und Durchdringungen unter Berücksichtigung fehlstellenfreier Ausführbarkeit ..«

Die Wahl eines geeigneten Betons ist demnach nur ein einziges, wenngleich ein bedeutendes Element für die Erzielung der Wasserundurchlässigkeit. Neben dem Baustoff Beton sind auch die Fugen, die Bewehrung und die Durchdringungen wichtig. Alle diese Aspekte müssen vollständig und fehlerfrei geplant und ausgeführt werden. Ein Fehler in einem Bereich kann in der Regel durch Mehraufwand in anderen Bereichen nicht kompensiert werden.

An dem vorliegenden Beispiel wird deutlich, wie wichtig eine umfassende Planung ist, die den gesamten Umfang einer wasserdichten Konstruktion einschließlich Fugen, Risse, Durchdringungen u. a. m. bis hin zur Haustechnik abdeckt. Im vorliegenden Fall war zwar vom Planer eine Weiße Wanne gemeint worden, im Leistungsverzeichnis gefordert hatte er aber nur einen wasserundurchlässigen Beton. Alle anderen Elemente einer WU-Konstruktion blieben in der Ausschreibung unerwähnt, weil er sie entweder vergessen oder für selbstverständlich gehalten hatte.

Fall 2: Nachweis der Wasserundurchlässigkeit

Ein Unternehmer hatte für die Sohle einer Halle direkt beim Transportbetonwerk WU-Beton bestellt und nach Anlieferung selbst eingebaut. Maßgebend für die Herstellung und Lieferung des Baustoffes war die aktuelle DIN 1045–2 [3].

Nach dem Einbau des Betons bezweifelte der Unternehmer, dass es sich tatsächlich um WU-Beton handelte. In Folge stellte er bei Gericht den Antrag auf ein selbstständiges Beweisverfahren, in dem der Gutachter aufgefordert wurde, festzustellen, ob tatsächlich WU-Beton geliefert worden war. Wie ging der Gutachter vor:

Im ersten Schritt forderte der Gutachter vom Unternehmer (Antragsteller) die Lieferscheine des in Rede stehenden Betons an. Da der Verwender von Beton die Zusammensetzung des Betons nach Eigenschaften nur schwer nachprüfen kann, unterliegt das Betonherstellerwerk einer strengen eigenen und fremden Produktionskontrolle. Nur wenn diese erfolgreich durchlaufen wurden, darf der Lieferschein des Betons das Ü-Zeichen (Übereinstimmungszeichen) tragen. Hiermit wird eine erste Ebene der Güteprüfung erreicht.

Die Lieferscheine waren im vorliegenden Fall offensichtlich in Ordnung. Sie wiesen unter anderem das Ü-Zeichen, die Bezeichnung WU-Beton und die Druckfestigkeitsklasse C 25/30 aus. Das ebenfalls vorgelegte Betonsortenverzeichnis enthielt Angaben zur Betonzusammensetzung. Dort waren die nach DIN 1045–2, Ziffer 5.5.3 erforderlichen Grenzwerte angegeben: Zementgehalt mindestens 280 kg/m³, Wasserzementwert kleiner gleich 0,6. An den Papieren war nichts zu beanstanden.

Die zweite Ebene der Güteprüfung besteht bei Betonen für Weiße Wannen in einer Annahmeprüfung durch den Betonverwender, d. h. in diesem Fall durch den Unternehmer. Nach DIN 1045–3/A1, Ausgabe Januar 2005, unterliegt Beton für wasserundurchlässige Baukörper der Überwachungsklasse ÜK 2. Die Annahmeprüfung von ÜK2-Beton besteht neben der Sichtung der Lieferscheine und der Kontrolle der Gleichmäßigkeit des Betons im Wesentlichen aus drei Teilen. Man ermittelt bei Anlieferung des Betons erstens die Rohbetondichte nach DIN EN 12350–6 (ist bei Normalbeton nicht Pflicht) und zweitens die Konsistenz, z. B. das Ausbreitmaß nach DIN EN 12350–5. Beide Prüfungen können gelegentlich Maß dafür sein, ob die grundsätzliche Zusammensetzung des Betons in Ordnung ist oder ob z. B. zu viel Wasser verwendet wurde. Im dritten Teil der Annahmeprüfung hat der Verwender des Betons mindestens drei Probewürfel nach DIN EN 12390–2 herzustellen und i. d. R. nach 28 Tagen einer Druckfestigkeitsprüfung unterziehen zu lassen. Durchgeführt werden diese

Prüfungen von einer so genannten »Ständigen Betonprüfstelle« nach [3], Teil 3, Anhang B.1.

Weitere Prüfungen des Frisch- oder Festbetons sind im vorliegenden Fall von Seiten der Norm nicht zwingend vorgeschrieben. Wer mehr Prüfungen möchte, z.B. zur Verifizierung der Wasserundurchlässigkeit, hätte ein Prüfverfahren einschließlich der einzuhaltenden Grenzwerte vertraglich vereinbaren müssen. Die Durchführung einer Wassereindringprüfung ist nach neuer Norm nur dann erforderlich, wenn dies bau- oder liefervertraglich erforderlich ist. Neben dem Prüfverfahren müssen dann auch die Grenzwerte der Wassereindringtiefe festgelegt werden z.B. 30mm oder 50mm Wassereindringtiefe gemäß DIN EN 12390-8. Die aus früheren Zeiten bekannten, herzustellenden Platten sind gemäß der aktuellen Norm nicht mehr Pflicht.

Die zugehörige Fußnote d zu [3], DIN 1045-3/A1, Anhang A1 legt allerdings auch fest, dass Beton mit hohem Wassereindringwiderstand in die Überwachungsklasse ÜK 1 eingeordnet werden darf, wenn der Baukörper nur zeitweise aufstauendem Sickerwasser ausgesetzt ist und wenn in der Projektbeschreibung nichts anderes festgelegt ist.

Im vorliegenden Fall hatte man von dieser Regelung Gebrauch gemacht. Folglich lagen keine die Betoneigenschaften exakt beschreibenden Dokumente der Überwachung durch das ausführende Unternehmen vor. Der Verwender hatte sich hier also jeder (vernünftigen) Eigenüberwachung entledigt. Weder waren die Frischbeton-Rohdichte, noch die Konsistenz, noch die Druckfestigkeiten festgestellt worden. Auch auf eine Wassereindringprüfung war verzichtet worden.

Im selbstständigen Beweisverfahren war nun der Gutachter aufgerufen, die bestellte Betoneigenschaft »wasserundurchlässig« zu verifizieren. Folglich ging es darum, die Kriterien der Betonzusammensetzung gemäß DIN 1045-2, Ziffer 5.5.3« [3] nachträglich nachzuweisen: Wasserzementwert, Zementgehalt und Druckfestigkeit. Im Einzelnen ergab sich folgendes Problem:

Der Wasserzementwert lässt sich nachträglich am Festbeton nicht mehr nachweisen. Hierzu gibt es keine allgemein anerkannten Prüfverfahren.

Eine Bestimmung des Zementgehaltes ist vom Grundsatz her möglich. Hierzu existiert DIN 52179 [5]. Der Untersuchungsaufwand ist jedoch sehr hoch. Für den allgemeinen Fall, dass man nicht weiß, welche Betonausgangsstoffe verwendet wurden, wird nach den chemischen Eigenschaften der Gesteinskörnungen unterschieden. Wenn die Ausgangsstoffe allerdings nicht mehr zur Verfügung stehen, beginnt die Anwendung kritisch zu werden. Man muss dann auf diverse Erfahrungswerte zurückgreifen. Die Aussagegenauigkeit des Verfahrens ist daher wenig zufrieden stellend. Vor allen Dingen wird das Verfahren vor Gericht angreifbar.

Einzig die Druckfestigkeit eines Betons lässt sich noch am fertigen Bauwerk oder Bauteil bestimmen. Hier bieten sich nach DIN EN 13791 [6] die Verfahren der Bewertung der charakteristischen Druckfestigkeit von Bauwerksbeton durch Bohrkernprüfungen oder durch indirekte Verfahren, z.B. Rückprallhammer-, Ultraschall-Impulsgeschwindigkeits- und Ausziehprüfungen an.

Damit wären die Prüfmethoden, die sich direkt auf die Aussagen der DIN 1045-2, d.h. auf die Betonzusammensetzung beziehen, genannt. Alternativ ließen sich noch die nachfolgenden Untersuchungsmethoden heranziehen. Man unterstellt dabei einen gewissen Zusammenhang zwischen der Porigkeit und der Wasserdurchlässigkeit von Beton. Gerichtsfest sind diese Methoden allesamt wenig, weil jede gutachtliche Äußerung in ihrem Zusammenhang individuell geprägt und nicht allgemein abgesichert und deshalb in Grenzfällen objektiv angreifbar ist:

- Feststellung der Porigkeit durch Bestimmung der Gesamtporosität aus Roh- und Reindichte
- Quecksilberdruckporosimetrie nach DIN 66133.

Die Wasserundurchlässigkeit wird nach der aktuellen DIN 1045-2 wie bereits oben beschrieben nicht mehr durch Prüfungen an Betonfestkörpern ermittelt. Die Norm schreibt daher weder ein konkretes Prüfverfahren vor, noch setzt sie etwaige Grenzwerte einer Prüfung fest. Prüfverfahren und etwaige Grenzwerte unterliegen – falls vereinbart – nur individuellen Regelungen. Häufig hilft man sich damit, die Wassereindringtiefe nachträglich zu ermitteln. Hierbei werden aus dem Bauteil gezogene Prüfkörper in Anlehnung an DIN EN 12390-8 über mehrere Tage mit konstantem Wasserdruck beaufschlagt. Danach wird der Probekörper gespalten. Die größte gemessene Wassereindringtiefe gilt als Maß für die Wasserundurchlässigkeit des Betons. Normgemäß ist dieser Versuch allerdings nicht, weil trockene aus dem Bauwerk gewonnene Proben verwendet werden.

Lohmeyer [2] orientiert sich bei der Auswertung der Prüfung an der alten DIN 1045. Gemäß dieser alten Vorschrift führen nur Wassereindringtiefen unter 50 mm (als Mittelwert aus drei Prüfungen) zu wasserundurchlässigem Beton. Die Beurteilung nach Lohmeyer ist durchaus praktikabel, jedoch objektiv angreifbar, weil sie – wie oben beschrieben – weder aktuell genormt noch vertraglich vereinbart ist.

Als ein sicheres Kriterium war einzig die Druckfestigkeit anzusehen, auch wenn aus dieser Eigenschaft allein kein Schluss auf die Wasserdichtigkeit möglich ist. Alle anderen Kriterien und Messmethoden erwiesen sich als wenig gerichtsfest zumindest aber als sehr diskussionswürdig. Zusammenfassend war deshalb festzustellen, dass »Beton mit einem hohen Wassereindringwiderstand nach DIN 1045-2 [3], Ziffer 5.5.3« im Nachhinein kaum zu verifizieren oder falsifizieren war. Besser wäre es gewesen, wenn der Verwender des Betons zulässige Wassereindringtiefen gemäß DIN EN 12390-8 vertraglich vereinbart und bei der Abnahme des Betons entsprechende Prüfungen veranlasst hätte. Zumindest aber hätte er die Prüfungen gemäß DIN 1045-3/A1, Anhang A1 durchführen und dokumentieren sollen.

Fall 3: Weiße Wanne und Selbstheilung

Der Rohbauunternehmer errichtete im Auftrag des Bauherrn eine Tiefgarage als Weiße Wanne. Die statischen Unterlagen (Statik, Schal- und Bewehrungspläne) stellte ein Tragwerksplaner im Auftrag des Bauherrn auf. Das Bauunternehmen baute nach diesen Plänen. Mit Ende der Bauarbeiten, nach der

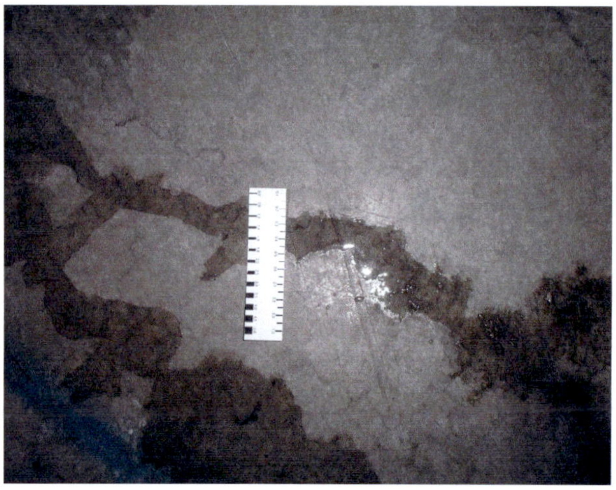

Bild 1: wasserführender Riss in der Bodenplatte

Bild 2: geheilter Riss in der Wand, nicht mehr wasserführend

Übererdung der Tiefgarage, wurde die Wasserhaltung abgestellt und der Grundwasserspiegel stieg. Der relativ hoch liegende Wasserspiegel führte dazu, dass durch Trennrisse in der Bodenplatte (siehe Bild 1) und in den Wänden Grundwasser in das Bauwerk floss. Zeitweise standen auf der Bodenplatte große Pfützen eingedrungenen Grundwassers. Allerdings ließ nach einiger Zeit der Wasserandrang nach, weil die Selbstheilung (siehe Bild 2) eingesetzt hatte. Dennoch ging dem Bauherrn dieser Prozess nicht schnell genug. Er wollte möglichst schnell die Fahrbahnmarkierungen aufbringen, um das Gebäude für die Öffentlichkeit freigeben zu können. Folglich wies der Auftraggeber das Bauunternehmen an, die Risse zu verpressen. Das Bauunternehmen protestierte, hierfür die Kostenlast zu tragen.

Nach Ausführung der Verpressarbeiten weigerte sich der Bauherr, die Aufwendungen für die Injektionsarbeiten zu bezahlen. Seiner Meinung nach lag ein Ausführungsfehler vor. Bei seiner Entscheidung berief er sich auf ein Schreiben des Tragwerksplaners, das besagte, dass die entstanden Risse auf zu hohe Frischbetontemperaturen und Mängel bei der Nachbehandlung zurückzuführen seien. Bei vergleichbaren Bauwerken seien derartige Risse nicht aufgetreten.

Da war es also wieder: Das bekannte »Schwarzer-Peter-Spiel«. Hier in der Form, wer trägt die Kosten für die Bauleistung? Obwohl anzumerken ist, dass es sich bei den hier zu benennenden Kosten keinesfalls um ein Spiel, sondern um die raue Realität handelte.

Die gutachtliche Betrachtung des Bauvorhabens brachte anschließend zu Tage, dass der Tragwerksplaner in seiner Berechnung nach WU-Richtlinie [1] Folgendes unterstellt hatte:

- Beanspruchungsklasse 1, drückendes Wasser
- Nutzungsklasse A, Feuchtetransport in flüssiger Form (Wasserdurchtritt durch den Beton, durch Fugen, Arbeitsfugen und Sollrissquerschnitte, durch Einbauteile und Risse) nicht zulässig d. h., Feuchtstellen auf der Bauteiloberfläche als Folge von Wasserdurchtritt sind durch in der Planung vorgesehene Maßnahmen auszuschließen
- Festlegung der rechnerischen Trennrissbreiten auf 0,2 mm bei einem Druckgefälle von ca. 8.

Damit waren Trennrisse planerisch vorgesehen. Beim vorhandenen Grundwasserstand und bei der Rissbreite 0,2 mm handelte es sich um wasserführende Risse. Der Wasserzutritt war jedoch nur temporär, weil mit ihm die Selbstheilung ablief. Erst nach dem Abschluss der Selbstheilung war deshalb mit trockenen Rissen zu rechnen. Der Fehler des Tragwerksplaners lag nun darin, dass er die unerstellten Planungsgrundsätze weder auf dem Plan vermerkt noch dem Bauherren, noch dem Architekten, noch der Baufirma mitgeteilt hatte.

Auch hatte er nicht auf die nach [1], Ziffer 7 (5) vorzusehenden Dichtmaßnahmen hingewiesen. Diese Passage schreibt vor, dass trotz Selbstheilung unerwartet wasserführende Trennrisse zurückbleiben können. Diese Risse müssen dann nachträglich injiziert werden.

Zusammenfassend gilt daher: Wer bei Weißen Wannen die kostengünstige, weil Stahl sparende Lösung der Selbstheilung wählt, muss der Konstruktion auch die Zeit geben, sich bei temporärer Durchströmung selbst zu heilen. Darüber hinaus sind planmäßig Dichtungsmaßnahmen vorzusehen, falls an der einen oder anderen Stelle die Selbstheilung nicht einsetzt oder nur unvollständig abläuft. Der Baufortschritt ist auf diese Gegebenheiten abzustimmen. Auch sollte man daran denken z. B. Elektro-Installationen nach Möglichkeit an den Innenwänden zu platzieren und sonstige bauliche Elemente, wie Fußböden oder Bodenbeläge, erst dann einzubauen, wenn die Selbstheilung gegebenenfalls mit anschließender Injektion abgeschlossen ist.

Fall 4: Schadensfall an einer Elementwand

Der Gutachter wurde zu einem Schadensfall gerufen, bei dem Wasser in eine Weiße Wanne aus Elementwänden eindrang. Elementwände bestehen aus zwei vorgefertigten bewehrten Stahlbetonschalen, die durch Gitterträger auf Abstand gehalten und miteinander verbunden sind und nach der Montage mit Ortbeton verfüllt werden. Ihre Verwendung für WU-Bauwerke war in der Vergangenheit oft umstritten. Inzwischen legt aber die DAfStb-Richtlinie [1] auch für diese Bauart den anerkannten Stand der Technik fest.

Die Bilder 3 und 4 zeigen den eingetretenen Schaden. An Wänden, an den Lager- und Stoßfugen der Elemente drang Wasser in das Bauwerk ein. Der Gutachter stand vor der Aufgabe, die Ursachen für die Undichtigkeiten zu erkunden.

Wenn man Elementwände (oder Dreifachwände) untersuchen will, bieten sich diverse handwerkliche und wissenschaftliche Methoden mit jeweils unterschiedlicher Aussagekraft an. Zuerst sollte man sich die Konstruktion genau und detailliert anschauen. In Bild 5 ist gut zu erkennen, dass bei der Montage der Halbfertigteile zweifach fehlerhaft gearbeitet

Bild 3: eindringendes Wasser an einer Elementwand

Bild 4: Stirnseite einer Elementwand, nach versuchter innen liegender Abdichtung

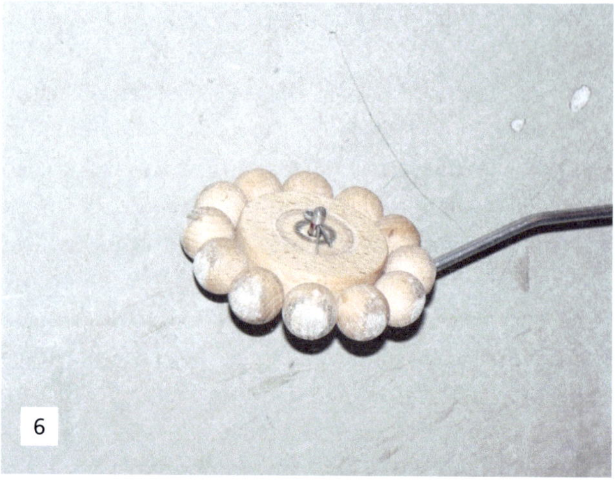

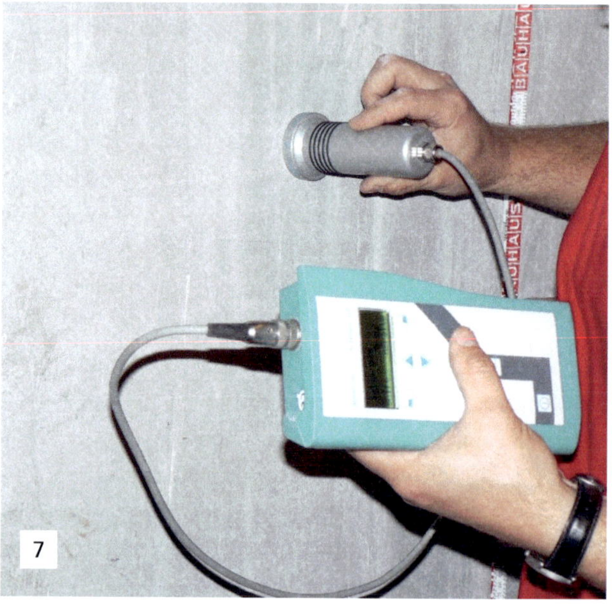

Bilder 6 und 7: Kugelschlagrad und Feuchtigkeitsmessung

wurde. Zum Einen wurde ein beschädigtes Fertigteil-Element aufgestellt. Bereits beim Transport oder bei der Montage war ein Teilstück des Fertigteils abgebrochen. Dennoch hatte man das Fertigteil eingesetzt, obwohl [1], Ziffer 11.2.2 (3) fordert: »*Fertigteile und Elementwandplatten sind so zu montieren, dass sie nicht beschädigt werden. Wenn bei der Montage Risse entstehen, sind sie durch Dichtmaßnahmen zu schließen. Sonstige Schadstellen sind zu beheben.*«

Zum Anderen war zumindest in Teilen des Gebäudes ein zweiter Montagefehler zu erkennen. Das Fertigteil war nicht – wie in seiner DIBt-Zulassung vorgeschrieben – mit seiner Fußkante 30 mm über der vorhandenen Bodenplatte auf Kunststoffplättchen abgestellt worden. Dadurch wäre erreicht worden, dass der Ortbeton die Fertigteil-Wandplatten unterläuft und so im Bereich der Anschlussfuge zwischen Bodenplatte und Wand für ein vollwertiges Tragen des gesamten Betonquerschnitts sorgt. Hier erfolgte die Auflagerung als stumpfe Fuge praktisch ohne Betonpolster zwischen den Fertigteilplatten. Eine Unterfüllung der Fertigteile mit Beton, d. h. eine satte Auflagerung der Elemente, war in diesem Teilstück der Wand nicht gesichert. Neben Fragen der Wasserdichtigkeit waren durch dieses falsche Aufstellen auch Aspekte der Standsicherheit angesprochen.

Dessen ungeachtet wurde nach weiteren Ursachen für die Undichtigkeiten geforscht. Durch einfaches handwerkliches Abklopfen der Oberfläche mit einem Hammer oder mit einem Kugelschlagrad

Bild 5: Lagerfuge Halbfertigteile

(Bild 6) war es aufgrund akustischer Unterschiede möglich, auf erste Hohlstellen oder Ablösungen zwischen dem Ortbeton und den Fertigteilplatten zu schließen. Jedoch gelang dies nur auf der jeweiligen Raumseite der Elementwände.

Für das Messen von Feuchtigkeit (Bild 7) im Beton werden mehrere Methoden mit unterschiedlichen Messmethoden und Genauigkeiten angeboten (einen Überblick über praktikable Verfahren gibt [7]). Darüber hinaus stehen diverse andere zerstörungsfreie oder zerstörungsarme Prüfverfahren zur Verfügung, mit denen man die innere Struktur einer Elementwand z. B. auf Hohlstellen und Ablösungen erkunden kann. Unter anderem empfehlen sich die folgenden baustellenpraktikablen Methoden (weitere Hinweise siehe [8]):

- Ultraschall-Echo (Bild 8)
- Impact-Echo
- Radar
- Durchstrahlen und
- Endoskopie (Bild 9).

Letztlich war als Grund für die Undichtigkeit eine mangelhafte Verbundfuge zwischen dem Ortbeton und den Fertigteilwänden festzustellen. Im Einzelnen war dazu Folgendes zu erläutern: Die Verbindung der Fertigteilplatten mit dem Ortbeton wird durch DIN 1045–1 [3], Ziffer 10.3.6 »Schubkraftübertragung in Fugen« geregelt. Zwischen den Innenseiten der Fertigteile und dem Ortbeton soll ein monolithischer Verbund herrschen. Folglich besitzen die Fertigteile auf ihren Innenseiten definierte Rauigkeiten, mit vom Hersteller nachzuweisenden Rautiefen. Um den Verbund des Fertigteilbetons mit dem Ortbeton sicherzustellen, sind darüber hinaus die Innenflächen der Fertigteile vor der Betonage zu säubern und zu wässern. Nach [1] gilt »*Vor dem Einbau des Kernbetons sind die Innenoberflächen der Elementwände ausreichend lange vorzunässen. Die Oberflächentemperatur der Elementwände muss dabei über 0 °C liegen. Zum Zeitpunkt des Betonierens müssen die Innenoberflächen und die Arbeitsfuge auf der Bodenplatte mattfeucht sein.*« Weitere Hinweise zur Bauausführung von Elementwänden enthält u. a. [1], Ziffer 11.2.2.

Erste Hinweise auf eine nicht monolithisch hergestellte Fuge zwischen dem Ort- und dem Fertigteilbeton ergaben sich bereits beim Abklopfen. Mit dem Ultraschall-Verfahren und der Endoskopie konnten

8

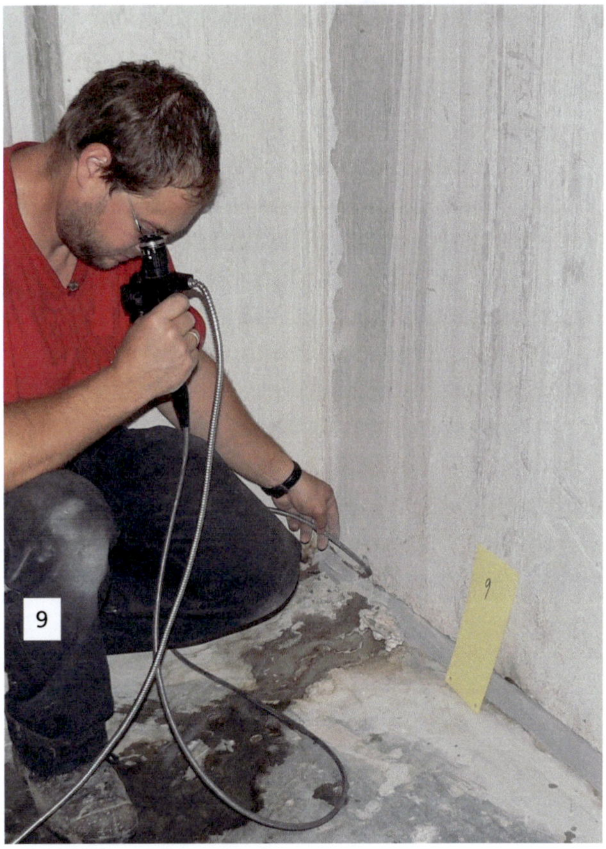

9

Bilder 8 und 9: Ultraschallprüfung und Endoskopie

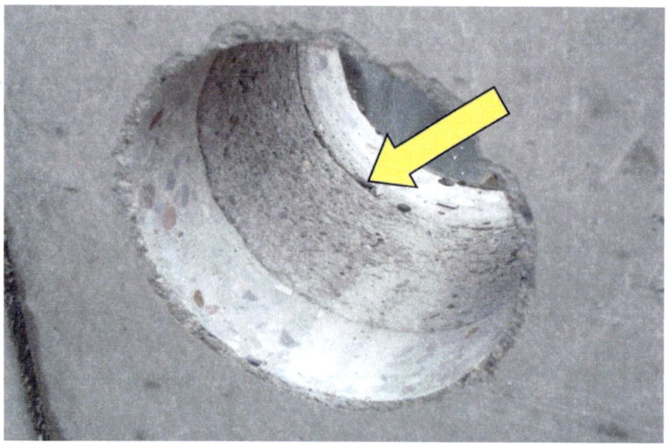

Bild 10: Bohrung durch eine schadhafte Elementwand

letztlich Hohlstellen zerstörungsfrei bzw. zerstörungsarm nachgewiesen werden. Eine Kernbohrung zeigte dann die Ablösungen für jeden deutlich erkennbar (siehe Pfeilmarkierung in Bild 10).

Der stellenweise nicht vorhandene Verbund zwischen den Betonen hatte zur Folge, dass die Elementwand undicht war. Insoweit war zumindest eine gewichtige Ursache für die Wasserführung gefunden. Mit umfangreichen Injektionen wurden die Undichtigkeiten beseitigt.

Vor der Sanierung war jedoch tragwerksplanerisch zu prüfen, ob die Standsicherheit der Wände trotz der oben beschriebenen nicht erreichten monolithischen Verbindung und der teilweise unzulänglich hergestellten Lagerfuge ausreichte.

Fazit: Elementwände müssen ordnungsgemäß aufgestellt, zum Betonieren vorbereitet und betoniert werden. Die WU-Richtlinie, die jeweilige DIBt-Zulassung der Bauteile und die Montageanleitung des Herstellers sind genau zu beachten. Geschieht dies nicht, so ist wie im vorliegenden Fall mit Schäden zu rechnen.

Schrifttum:

[1] DAfStb-Richtlinie »Wasserundurchlässige Bauwerke aus Beton« (WU-Richtlinie), Ausgabe 3/2004

[2] G. Lohmeyer, Weiße Wanne einfach und sicher, Konstruktion und Ausführung von Kellern und Becken aus Beton ohne besondere Dichtungsschicht, Verlag Bau und Technik, 5. neu bearbeitete Auflage, 2000

[3] DIN 1045: Tragwerke aus Beton, Stahlbeton und Spannbeton. Ausgabe 07/2001.

Teil 1: Bemessung und Konstruktion.

Teil 2: Beton – Festlegung, Eigenschaften, Herstellung und Konformität – Anwendungsregeln zu DIN EN 206–1.

Teil 3: Bauausführung.

[4] DIN EN 206–1 Beton – Teil 1: Festlegung, Eigenschaften, Herstellung und Konformität, Ausgabe 2001

[5] DIN 52170–1 bis 4: Bestimmung der Zusammensetzung von erhärtetem Beton; Ausgabe 1980.

[6] DIN EN 13791: Bewertung der Druckfestigkeit von Beton in Bauwerken oder in Bauwerksteilen, Ausgabe 2007

[7] F. Weise: Feuchtemessung im Beton – eine Gegenüberstellung, Special 2/2008, Messtechnik im Bauwesen

[8] DAfStb-Fachtagung: Zerstörungsfreie Prüfverfahren und Bauwerksdiagnose im Stahlbetonbau, Tagungsband, 2005

Autoreninformation

Dr.-Ing. Klaus-Reiner Goldammer

1976	Dipl.-Ing., Konstruktiver Ingenieurbau, RWTH Aachen
1980	Promotion RWTH Aachen, Stabilität von Schalentragwerken
1980–1989	Tragwerks- und Bauplaner in der Industrie
1990–2000	Bauleiter, Oberbauleiter, Technischer Leiter in mittelständischen Unternehmen
seit 2000	Bauberater des DBV, von der Industrie- und Handelskammer zu Berlin öffentlich bestellter und vereidigter Sachverständiger für Schäden an Bauwerken und Bauteilen aus Beton, Stahlbeton und Sichtbeton

Mängelhaftung und Gewährleistung nach der VOB/B

Dr. Katrin Rohr-Suchalla

Die Mängelhaftung und Gewährleistung (nachfolgend dargestellt auf der Basis der VOB/B 2006) ist eines der praxisrelevantesten Themen aus dem Bereich des zivilen Baurechts. Dargestellt werden die Voraussetzungen für das Vorliegen eines Mangels sowie von Ansprüchen vor Abnahme und nach Abnahme unter Einschluss der etwaigen Vorteilsausgleichung.

I. Mangel

1. Mangelbegriff nach § 13 Nr. 1 VOB/B

Ein Mangel ist nach der VOB/B (Fassung seit 2002) gegeben bei:

- Nichteinhaltung der vereinbarten Beschaffenheit
- Verstoß gegen die anerkannten Regeln der Technik.

Durch die VOB/B 2006 wird dieser Mangelbegriff, der in die Fassung VOB/B 2002 eingefügt wurde, nicht geändert. Die Einfügung der Abweichung von der vereinbarten Beschaffenheit beruht auf der Änderung des Bürgerlichen Gesetzbuches (BGB) zum 01.01.2002.

2. Nichteinhaltung der vereinbarten Beschaffenheit

Nach der VOB/B in der Fassung seit 2002 liegt ein Mangel bereits dann vor, wenn von der vertraglich vereinbarten Beschaffenheit (z.B. Angaben im Leistungsverzeichnis, Baubeschreibung, Plänen etc.) abgewichen wurde. Dabei kann eine Beschaffenheitsvereinbarung ausdrücklich, stillschweigend oder durch schlüssiges Verhalten erfolgen.

Bei dem Begriff der Beschaffenheit ist auf den subjektiven Fehlerbegriff abzustellen, d.h. einem Vergleich zwischen der Ist-Beschaffenheit und der Soll-Beschaffenheit. In diesem Zusammenhang ist auch § 13 Nr. 2 VOB/B zu beachten, der für die Eigenschaften einer Probe gilt. Nach § 13 Nr. 2 VOB/B gelten die Eigenschaften einer Probe als vereinbarte Beschaffenheit, wenn nicht Abweichungen nach der Verkehrssitte bedeutungslos sind.

Das Werk ist insbesondere bei einem Abweichen von der vertraglich vereinbarten Beschaffenheit auch dann mangelhaft, wenn das Gewerk den anerkannten Regeln der Technik entspricht, nach Herstellerangaben erstellt wurde und auch dann, wenn den Unternehmer kein Verschulden trifft (BGH NZBau 2006, 112, 113), d.h. unabhängig von dem Eintritt eines konkreten Schadens kann der Besteller die Mängelrechte geltend machen. Insbesondere der Leistungsbeschreibung kommt für die Frage vom Fehlen einer vereinbarten Beschaffenheit eine sehr große Bedeutung zu, da dort regelmäßig die Leistungen im Einzelnen detailliert beschrieben werden. Folgerichtig muss auch die Ausführung der Leistungsbeschreibung (Ausnahme: vereinbarte Abweichung) entsprechen. Abweichungen liegen beispielsweise vor, wenn ein anderes als das vorgeschriebene Material verwendet wird, eine andere Farbe ausgeführt wird, andere Abmessungen oder eine geringere Dimensionierung erfolgen.

3. Verstoß gegen die anerkannten Regeln der Technik

Ein Mangel ist des Weiteren nach § 13 Nr. 1 VOB/B dann gegeben, wenn ein Verstoß gegen die anerkannten Regeln der Technik vorliegt.

3.1 Definition der anerkannten Regeln der Technik

Als Definition für die anerkannten Regeln der Technik wird häufig Folgendes verwendet:

Eine technisch anerkannte Regel liegt vor, wenn sie in der technischen Wissenschaft als theoretisch richtig anerkannt ist, feststeht sowie durchweg bekannt und aufgrund praktischer Erfahrung als technisch geeignet, angemessen und notwendig anerkannt ist.

Aus der vorbenannten Definition folgt bereits, dass keine schriftliche Fixierung notwendig ist. Es ist damit eine Frage des Einzelfalls festzustellen, ob sich technische Regelungen in der Wissenschaft und in der Baupraxis als richtig bestätigt haben. Dies betrifft weniger die seit langem anerkannten bautechnischen Ausführungen, die bereits in DIN-Normen erfasst sind, als vielmehr Verfahrensweisen, die noch nicht in DIN-Normen erfasst sind bzw. in DIN-Normen erfasst sind, aber sich bereits neuere und bessere Bauverfahrensweisen herauskristallisiert haben.

3.2 Beispiele für anerkannte Regeln der Technik

Zu den anerkannten Regeln der Technik gehören beispielsweise die nachstehend benannten. Zu berücksichtigen ist jedoch, dass sich teilweise Widersprüche zwischen Spezialvorschriften für einzelne Bereiche (z.B. haustechnische Vorschriften) und DIN-Normen finden. Es ist dann zu ermitteln, welche Regelung vorgeht. Die nachstehende Aufzählung ist selbstverständlich nur ein Ausschnitt:

- VOB/C
- DIN-Normen
- DAfStb-Richtlinie „Wasserundurchlässige Bauwerke aus Beton"
- einheitliche technische Baubestimmungen
- Bestimmungen des Verbandes der Elektrotechnik, Elektronik, Informationstechnik (VDE-Vorschriften)
- Richtlinie des Vereins deutscher Ingenieure (VDI)
- Bestimmungen der deutschen Vereinigung des Gas- und Wasserfaches e.V.
- Europäische Normen (EN)
- Festlegungen des deutschen Aufzugsausschusses (DAA)
- TA Luft
- gesetzliche oder behördliche Bestimmungen (z.B. Energieeinsparverordnung/Bundesimmissionsschutzgesetz/Störfallverordnung/Gefahrstoffverordnung).

3.3 Zeitraum/Zeitpunkt der Einhaltung

Aus § 4 Nr. 2 Abs. 1 VOB/B folgt, dass die Einhaltung der anerkannten Regeln der Technik während der gesamten Bauzeit geschuldet ist. Aus § 13 Nr. 1 VOB/B ist demgegenüber zu entnehmen, dass die anerkannten Regeln der Technik im Zeitpunkt der Abnahme eingehalten werden müssen.

Hierbei ist insbesondere zu berücksichtigen, dass die anerkannten Regeln der Technik nicht starr sind, sondern sich fortentwickeln, sodass es häufiger vorkommt, dass sich die anerkannten Regeln der Technik während der Bauausführung ändern. Dies ist bei der Bauausführung zu berücksichtigen. Grundsätzlich muss im Zeitpunkt der Abnahme sichergestellt werden, dass die zu diesem Zeitpunkt geltenden anerkannten Regeln der Technik eingehalten werden. Wenn also ein Fall vorliegt, in dem sich während der Bauausführung die anerkannten Regeln der Technik ändern, muss dies berücksichtigt werden und grundsätzlich entsprechend der dann im Zeitpunkt der Abnahme anwendbaren anerkannten Regeln der Technik ausgeführt werden. Diese Änderungen können durchaus zu Leistungsänderungen im Sinne des § 2 Nr. 5 VOB/B bzw. Zusatzleistungen gem. § 2 Nr. 6 VOB/B führen und sind dann im Einzelfall zu berücksichtigen.

3.4 Rechtsprechungsbeispiele

Ein Baumangel liegt nach einer Entscheidung des OLG Köln (abgedruckt in BauR 2005, 389) bereits dann vor, wenn Ungewissheit über die Risiken des Gebrauchs bestehen. Dies ist nach dieser Entscheidung beispielsweise dann der Fall, wenn die Gefahr besteht, dass es infolge des Versagens der Drainage zu Wassereinbrüchen oder Feuchtigkeitsschäden kommt, weil die Deckbeschichtung nicht entsprechend der Herstellervorgaben aufgebracht wurde. Ein Mangel ist demzufolge dann gegeben, wenn der Verstoß gegen Herstellervorgaben zu erheblichen Ungewissheiten oder Risiken führt, ohne dass der Mangel nach seinem äußeren Erscheinungsbild bereits hervorgetreten ist (Feuchtigkeitseintritt).

Ein Baumangel liegt nach einer Entscheidung des OLG Karlsruhe (abgedruckt in BauR 2007, 394 – 399) vor, wenn die Parteien in einem Werkvertrag über Gleisbauarbeiten vereinbart haben, dass die Straßenbahngleise „nachweislich" eine bestimmte vertikale Einfederung bei Volllast aufweisen müssen. Ein Mangel der Werkleistung liegt vor, wenn die vorgegebene Einfederungstiefe nicht erreicht wird, auch wenn die Gebrauchstauglichkeit der Gleisanlage als solche dadurch nicht beeinträchtigt ist.

Nach einer Entscheidung des OLG Hamm vom 16.07.2006 (Az. 12 U 155/03) liegt ein Mangel vor, wenn eine im Leistungsverzeichnis enthaltene Neigung von über 3 – 7 Grad nicht eingehalten wird. Im vorliegenden Fall lag die Neigung der Dächer deutlich unter 3 Grad. Das Gericht hat ausgeführt, dass ein Mangel auch dann nicht ausscheidet, wenn die tatsächliche Bauausführung den anerkannten Regeln der Technik entspricht bzw. möglicherweise sogar wirtschaftlich und technisch besser ist als die vereinbarte. Der Mangel ist nicht rein objektiv zu verstehen, sondern wird subjektiv vom Vertragswillen der Parteien mitbestimmt.

Der BGH hat entschieden (abgedruckt in BauR 2003, 533 – 538), dass ein Mangel dann vorliegt, wenn die mit der vertraglich geschuldeten Ausführung erreichbaren technischen Eigenschaften, die für die Funktion des Werkes von Bedeutung sind, durch die vertragswidrige Ausführung nicht erreicht werden und damit die Funktion des Werkes gemindert wird. Vorliegend hatte der Auftragnehmer Beton der Güteklasse B25 statt der vereinbarten Güteklasse B35 verwendet. Dies begründet einen Mangel, weil dadurch die vertragliche Gebrauchstauglichkeit beeinträchtigt ist. Die mit der Ausführung der Güteklasse B35 erreichbare Nutzlastreserve ermöglicht es dem Auftraggeber, für die Lebensdauer des Objekts die Nutzung zu ändern. Die damit dem Auftraggeber eingeräumte Option begründet die vertragliche Gebrauchstauglichkeit.

II. Mangelansprüche vor Abnahme gem. § 4 Nr. 7 VOB/B

1. Allgemein

§ 4 Nr. 7 S. 1 VOB/B regelt den Fall, dass Mängel vor Abnahme auftreten. Auch in diesem Fall ist der Auftragnehmer verpflichtet, diese Mängel zu beseitigen. Da es sich bei dem Zeitraum vor Abnahme um den Erfüllungszeitraum handelt, handelt es sich folgerichtig um einen originären Erfüllungsanspruch. Demgegenüber führen Mängel nach Abnahme zu Gewährleistungsrechten des Auftraggebers. Ein ganz entscheidender Unterschied zwischen den Mängelansprüchen des Auftraggebers nach § 4 Nr. 7 VOB/B vor Abnahme und den Gewährleistungsansprüchen des Auftraggebers gem. § 13 VOB/B nach Abnahme besteht darin, dass der Auftragnehmer vor

Abnahme nachweisen muss, dass die von ihm erbrachten Leistungen ordnungsgemäß sind. Demgegenüber muss der Auftraggeber nach Abnahme grundsätzlich beweisen, dass der aufgetretene Mangel auf die Leistungen des Auftragnehmers zurückzuführen ist.

Dieser Unterschied ist auch im Falle eines Prozesses von entscheidender Bedeutung, da der Auftraggeber folgerichtig für Mangelansprüche nach Abnahme die Darlegungs- und Beweislast trägt und der Auftragnehmer demzufolge auch die Darlegungs- und Beweislast für das Nichtvorhandensein von Mängeln vor Abnahme. Die Unterscheidung, wer im Falle eines Prozesses die Darlegungs- und Beweislast trägt, ist entscheidend, beispielsweise dafür, wer die Auslagenvorschüsse für etwaige Sachverständige oder sonstige Beweismittel trägt und darüber hinaus auch für die Frage, wer unterliegt, wenn sich eine Tatsache nicht beweisen lässt oder Unklarheiten herrschen. Dies geht immer zulasten desjenigen, der die Darlegungs- und Beweislast trägt.

2. Voraussetzungen des § 4 Nr.7 VOB/B

2.1 Mangelbeseitigungsanspruch

Sofern Mängel vor Abnahme bestehen, steht dem Auftraggeber zunächst ein Mangelbeseitigungsanspruch zu, es sei denn, der Auftragnehmer beruft sich zu Recht darauf, dass die Mangelbeseitigung unmöglich ist oder einen unverhältnismäßigen Aufwand nach sich zieht, worauf im Folgenden noch eingegangen wird. Daneben steht ihm bereits mit Vorliegen des Mangels, bei dem ein Schaden entstanden ist, ein Schadensersatzanspruch zu. Dieser kann z.B. daraus folgen, dass bedingt durch den Mangel andere Arbeiten nur noch verzögert ausgeführt werden können. Darüber hinaus kann der Auftraggeber von den Abschlagsrechnungen des Auftragnehmers in Höhe der zweifachen Mangelbeseitigungskosten ein Zurückbehaltungsrecht ausüben.

2.2 Voraussetzungen

Voraussetzung für die weiteren Ansprüche gem. § 4 Nr.7 VOB/B sind:

- Vorliegen eines Mangels
- Setzen einer angemessenen Frist
- Kündigungsandrohung und Kündigung.

2.3 Mangeldefinition

Die Frage, wann ein Mangel vorliegt, wird sowohl für Ansprüche vor Abnahme (§ 4 Nr. 7 VOB/B) als auch nach Abnahme (§ 13 VOB/B) einheitlich beantwortet. Die Mangeldefinition findet sich wie dargelegt in § 13 Nr. 1 VOB/B.

2.4 Angemessenheit

Für die Frage, inwieweit eine Frist angemessen ist, sind Art und Umfang des Mangels entscheidend, d.h. es ist objektiv zu ermessen, in welcher Zeit ein ordnungsgemäß handelnder Auftragnehmer diesen Mangel beseitigen kann. Folgerichtig ist es immer eine Frage des Einzelfalls, was für eine Zeitspanne zur Mangelbeseitigung gesetzt werden muss.

Es ist hierbei zu berücksichtigen, dass dann, wenn der Auftraggeber eine zu kurz bemessene Frist setzt und unmittelbar danach die Ersatzvornahme ausführt, ohne dass dem Auftragnehmer die Möglichkeit zur Mangelbeseitigung gegeben wurde, es zu einem Verlust der Ansprüche des § 4 Nr.7 VOB/B kommen kann. Voraussetzung hierfür ist jedoch, dass der Auftragnehmer die Mängel letztlich beseitigen wollte. Eine zu kurz bemessene Frist ist dann unschädlich, wenn der Auftragnehmer die Mangelbeseitigung ablehnt.

2.5 Kündigungsandrohung und Kündigung

Anders als das BGB setzt § 4 Nr. 7 VOB/B für den Ersatz von Ersatzvornahmekosten voraus, dass die Mangelbeseitigungsaufforderung unter Kündigungsandrohung mit anschließender Kündigung erfolgt. Es kann sowohl die Kündigung für Teile (in sich abgeschlossene Leistungen) erfolgen als auch der gesamte Vertrag gekündigt werden. Bei allen Ansprüchen vor Abnahme sollte die Mangelbeseitigungsaufforderung immer unter Kündigungsandrohung erfolgen. Inwieweit es dann im Einzelfall sinnvoll ist, eine Kündigung auszusprechen, sollte dezidiert überprüft werden, da es häufig nicht sinnvoll ist, für geringwertige Mängel die Kündigung eines Vertrages auszusprechen (angesichts erheblicher wirtschaftlicher Folgen). Um die Möglichkeit jedoch aufrechtzuerhalten, sollte in jedem Fall die Mangelbeseitigungsaufforderung wie beschrieben unter Kündigungsandrohung erfolgen. Eine Fristsetzung mit Kündigungsandrohung und anschließender Kündigung ist nur in eng umgrenzten Ausnahmefällen entbehrlich und zwar dann, wenn der Auftragnehmer die vertragsgemäße Fertigstellung seines Werks endgültig verweigert (vgl. BGH, BauR 2001, 1897; BGH BauR 2000, 1449).

2.6 Rechtsfolgen

Gegenstand des Anspruchs können die Ersatzvornahmekosten- bzw. Ersatzvornahmemehrkosten sein sowie der Ersatz des weiteren Schadens. Zu beachten ist, dass § 4 Nr. 7 VOB/B anders als § 6 Nr. 6 VOB/B bzw. § 13 Nr. 7 VOB/B (Gewährleistungsansprüche nach Abnahme) keine Haftungsbegrenzung vorsieht. Gemäß § 8 Nr. 3 Abs. 3 VOB/B können ggf. Geräte, Gerüste sowie auf der Baustelle vorhandene Einrichtungen, angelieferte Stoffe und Bauteile gegen angemessene Vergütung in Anspruch genommen werden. Inwieweit dies sinnvoll ist, sollte im Falle des Auftragsentzugs genau überprüft werden. Es ist beispielsweise dann sinnvoll, wenn ein siebenstöckiges Bauwerk vollständig eingerüstet ist und eine Neueinrüstung zu erheblichen Zeitverzögerungen und damit wirtschaftlichen Konsequenzen führt.

In eng umgrenzten Fällen kann auch ein Wegfall des Interesses an der Ausführung beim Auftraggeber vorliegen. Dies ist beispielsweise der Fall, wenn ein Messestand mangelhaft erstellt worden ist und die Messe vorüber ist. Dann macht auch eine Mangelbeseitigung aus Sicht des Auftraggebers keinen Sinn mehr.

III. Gewährleistungsansprüche nach Abnahme gem. § 13 VOB/B

1. Voraussetzungen

Der Auftragnehmer ist gem. § 13 Nr. 1 VOB/B verpflichtet, seine Leistungen im Zeitpunkt der Abnahme frei von Sachmängeln zu verschaffen, d.h. - wie bereits dargelegt - die Leistung muss die vereinbarte Beschaffenheit haben und den anerkannten Regeln der Technik entsprechen. Gemäß § 13 Nr. 5 Abs. 1 VOB/B ist der Auftragnehmer verpflichtet, alle während der Gewährleistungsfrist auftretenden Mängel zu beseitigen. Die Mangelbeseitigungsaufforderung des Auftraggebers sollte nicht nur zu Beweiszwecken schriftlich erfolgen, sondern auch um die Regelfrist des § 13 Nr. 5 Abs. 1 VOB/B in Gang zu setzen. Auch hier gilt, dass die Frist angemessen sein muss, d.h. die Frist muss so bemessen sein, dass ein ordnungsgemäßer Auftragnehmer die gerügten Mängel innerhalb der Frist beseitigen kann. Läuft die gesetzte Frist fruchtlos ab, stehen dem Auftraggeber entweder ein Selbsthilferecht oder ein Kostenvorschussanspruch für die durchzuführenden Mangelbeseitigungsarbeiten zu und ggf. auch ein Schadensersatzanspruch. Die Voraussetzungen des Schadensersatzanspruchs werden nachstehend noch dargelegt.

2. Unzumutbarkeit/Unmöglichkeit/ Unverhältnismäßigkeit

2.1 Unzumutbarkeit

Gemäß § 13 Nr. 6 VOB/B besteht die Möglichkeit, dass die Beseitigung des Mangels für den Auftraggeber unzumutbar ist. Beruft sich der Auftraggeber gegenüber dem Auftragnehmer darauf, dass die Mangelbeseitigung für ihn unzumutbar ist, kann er die Vergütung entsprechend mindern bzw. im Falle der vollständigen Auszahlung den Minderungsbetrag einfordern. Es handelt sich hierbei um einen Ausnahmefall, der auch nur in eng umgrenzten Fällen in Betracht kommt. Grundlage dieser Möglichkeit des Auftraggebers, sich auf die Unzumutbarkeit der Mangelbeseitigung zu berufen, ist § 242 BGB (Grundsatz von Treu und Glauben). Grundvoraussetzung in diesem Fall ist, dass keine der beiden anderen in § 13 Nr. 6 VOB/B geregelten Fälle vorliegt, d.h. die Mangelbeseitigung muss objektiv möglich sein und darf keinen unverhältnismäßigen Aufwand nach sich ziehen. Ein derartiger Fall liegt beispielsweise vor, wenn der Auftraggeber Erwerber einer Eigentumswohnung ist, die er zwischenzeitlich weiterveräußert hat, wobei er bei dem Verkaufspreis die Mängel berücksichtigt hat, d.h. der Preis wurde entsprechend reduziert (OLG Frankfurt BauR 1991, 516).

2.2 Unmöglichkeit/Unverhältnismäßigkeit

Nach § 13 Nr. 6 VOB/B besteht auch die Möglichkeit, dass der Auftragnehmer (anders als der Fall der Unzumutbarkeit für den Auftraggeber) sich darauf beruft, dass die Mangelbeseitigung objektiv unmöglich oder aber unverhältnismäßig ist.

Für die Frage der Unmöglichkeit ist nicht auf den betroffenen Auftragnehmer abzustellen, sondern objektiv festzustellen, dass es auch für andere Unternehmen nicht möglich ist, den aufgetretenen Mangel zu beseitigen. Ein derartiger Fall liegt beispielsweise vor, wenn das zu errichtende Gebäude oder die Gebäudefläche mit einer geringeren Grundfläche/Wohnfläche oder Nutzungsfläche als vertraglich vereinbart errichtet wurde (z.B. OLG Düsseldorf BauR 1981, 475).

In diesem Fall kann der Auftragnehmer sich darauf berufen, dass die Vergütung entsprechend zu mindern ist.

Dies kann der Auftragnehmer auch dann, wenn die Mangelbeseitigung unverhältnismäßig ist. Der Grundsatz der Unverhältnismäßigkeit wird häufig dahingehend falsch verstanden, dass lediglich zu prüfen sei, wie hoch der Betrag für die Erstellung im Verhältnis zur Mangelbeseitigung ist. Diese Auffassung ist grundlegend falsch. Unverhältnismäßigkeit ist nur dann gegeben, wenn der mit der Nachbesserung erzielte Erfolg bei Abwägung aller Umstände des Einzelfalls in keinem vernünftigen Verhältnis zu dem aufzuwendenden Mangelbeseitigungsbetrag steht (vgl. BGH BauR 2006, 382; BGH BauR 1997, 638). Von Unverhältnismäßigkeit ist damit nur dann auszugehen, wenn ein objektiv geringes Interesse des Auftraggebers an einer mangelfreien Vertragsleistung einem ganz erheblichen unangemessenen Mangelbeseitigungsaufwand gegenüber steht (vgl. BGH BauR 2006, 382).

3. Regelfrist des § 13 Nr. 5 Abs. 1 VOB/B

Ein ganz entscheidender Unterschied zwischen der VOB/B und dem BGB liegt auch darin, dass gem. § 13 Nr. 5 Abs. 1 VOB/B eine Regelfrist von 2 Jahren, beginnend mit der Mangelanzeige, läuft. Zu beachten ist, dass diese 2 Jahre selbstverständlich nie vor der ursprünglich vereinbarten Gewährleistungsfrist (z.B. 5 Jahre) ablaufen. Wenn jedoch z.B. am letzten Tag der vereinbarten 5jährigen Gewährleistungszeit eine schriftliche Mangelanzeige dem Auftragnehmer zugeht, bedeutet dies, dass für die in der Mangelanzeige gerügten Mängel die Regelfrist des § 13 Nr. 5 Abs. 1 VOB/B läuft, ohne dass ein gerichtliches Verfahren anzustrengen ist. Diese Möglichkeit besteht bei Anwendbarkeit des BGB nicht. Dies betrifft jedoch ausnahmslos die in der Mangelanzeige benannten Mängel sowie ihre Ursachen, jedoch nicht die mangelfreien und damit nicht gerügten übrigen Leistungsbereiche. In diesem Zusammenhang sollte gerade dann, wenn Mangelanzeigen kurz vor Ablauf der ursprünglich vereinbarten Gewährleistungsfrist an den Auftragnehmer gesendet werden, sichergestellt werden, dass der Zugang nachweisbar ist.

4. Schadensersatz

4.1 Allgemein

Anders als das zivile Werkvertragsrecht sieht die VOB/B in § 13 Nr. 7 VOB/B grundsätzlich eine Haftungsbegrenzung vor, d.h. es wird unterschieden zwischen dem sog. „kleinen Schadensersatzanspruch" (§ 13 Nr. 7 Abs. 3 S. 1 VOB/B) und dem „großen Schadensersatzanspruch" (§ 13 Nr. 7 Abs. 3 S. 2 VOB/B).

Bei der Vereinbarung der VOB/B wird damit nicht in jedem Fall Schadensersatz fällig, sondern nur dann, wenn zumindest die Einstiegsvoraussetzungen des kleinen Schadensersatzanspruchs vorliegen. Der adäquat kausale Schaden ist nur dann ersatzfähig, wenn die Voraussetzungen des großen Schadensersatzanspruchs vorliegen.

4.2 Voraussetzungen

Zur näheren Verdeutlichung werden nachstehend die möglichen Schadensersatzansprüche durch Schaubilder dargestellt:

IV. Haftungsbefreiung nach § 13 Nr. 3 VOB/B

1. Voraussetzungen

Nach § 13 Nr. 3 VOB/B besteht die Möglichkeit einer Haftungsbefreiung, so der Auftragnehmer die ihm nach § 4 Nr. 3 VOB/B obliegende Mitteilung (Bedenkenanmeldung) über die zu befürchtenden Mängel gegenüber dem Auftraggeber schriftlich vorgenommen hat. § 13 Nr. 3 VOB/B sieht in den Fällen, in denen die Mangelursache letztlich aus der Sphäre des Auftraggebers stammt, die Möglichkeit der Haftungsbefreiung vor. Dies gilt selbstverständlich nicht, wenn der Mangel auf einem klassischen Ausführungsfehler beruht. Voraussetzung für die Haftungsbefreiung ist folgerichtig zunächst, dass eine der vier dort benannten Fallgruppen vorliegt.

Übersicht Schadensersatzansprüche

Schadensersatzanspruch nach § 13 Nr. 7 Abs. 3 S. 1 VOB/B (kleiner Schadensersatzanspruch)

Vorliegen eines schuldhaft verursachten wesentlichen Mangels

der zu einer erheblichen Beeinträchtigung der Gebrauchsfähigkeit führt

Haftungsumfang begrenzt entstandener Schaden an der baulichen Anlage, zu deren Herstellung, Instandhaltung und Unterhaltung die Leistung dient

Übersicht 1: Schadensersatzansprüche

Schadensersatzanspruch gemäß § 13 Nr. 7 Abs. 3 S. 2 VOB/B (großer Schadensersatzanspruch)

Vorliegen der Voraussetzungen des § 13 Nr. 7 Abs. 3 S. 1 VOB/B

und Mangel beruht auf

Haftungsumfang: Ersatz des über § 13 Nr. 7 Abs. 3 S. 1 VOB/B hinausgehenden Schadens, der adäquat kausal auf die mangelhafte Leistung rückführbar ist

Verstoß gegen die anerkannten Regeln der Technik

Fehlen einer vertraglich vereinbarten Beschaffenheit

versichert oder versicherbar

Übersicht 2: Schadensersatzanspruch gemäß § 13 Nr. 7 Abs. 3 S. 2 VOB/B (großer Schadensersatzanspruch)

Schadensersatzanspruch
gem. § 13 Nr. 7 Abs. 1 und 2 VOB/B

Der Auftragnehmer haftet bei schuldhaft verursachten Mängeln für Schäden aus der Verletzung des Lebens, des Körpers oder der Gesundheit.

Bei vorsätzlich oder grob fahrlässig verursachten Mängeln haftet er für alle Schäden.

Übersicht 3: Schadensersatzanspruch gem. § 13 Nr. 7 Abs. 1 und 2 VOB/B

Der Mangel muss zurückzuführen sein:

- auf die Leistungsbeschreibung des Auftraggebers oder
- auf Anordnungen des Auftraggebers oder
- auf die von diesem gelieferten oder vorgeschriebenen Stoffe und Bauteile oder
- auf die Beschaffenheit der Vorleistung eines anderen Unternehmers.

Liegt eine der vorgenannten Fallgruppen vor und ist der Auftragnehmer der ihm obliegenden Pflicht zur Bedenkenanmeldung gem. § 4 Nr. 3 VOB/B nachgekommen, so ist er von der Haftung befreit.

2. Umfang der Prüf- und Hinweispflicht

Dem Wortlaut der VOB/B in § 13 Nr. 3 VOB/B entsprechend obliegt dem Auftragnehmer grundsätzlich eine Prüf- und Hinweispflicht. Wie weit diese reicht, ist eine Frage des Einzelfalls und lässt sich nicht pauschal beantworten. Nach ständiger Rechtsprechung ist auf das im Einzelfall vorauszusetzende Wissen für das vom Auftragnehmer auszuführende Werk abzustellen. Der Auftragnehmer muss die Bedenken anmelden, die er bei objektiver Betrachtung hätte erkennen können, wenn er sich regelmäßig bezogen auf sein Gewerbe fortbildet. Hierbei wird unterstellt, dass er das, was man üblicherweise als ordnungsgemäßer Auftragnehmer wissen sollte, weiß und darüber hinaus auch das, was in der gängigen Fachliteratur und in den Fachzeitschriften veröffentlicht wird.

Voraussetzung für die Haftungsbefreiung ist, dass der Auftragnehmer seine Bedenken schriftlich gegenüber dem Auftraggeber (Planer reicht nicht aus) mitteilt. Gegenstand der Bedenkenanzeige muss sein, gegen welche Vertragsgrundlagen bzw. welche Ausführung er Bedenken hegt (z.B. Benennung der Leistungsbeschreibung, der betroffenen Position des Leistungsverzeichnisses der aus seiner Sicht mangelhaften Planung). Gleichzeitig muss er mitteilen, welche Folgen bei der Nichtbeachtung der mitgeteilten Bedenken eintreten (z.B. Risse, fehlendes Gefälle, d.h. Wasserstand, etc.).

In Bezug auf § 13 Nr. 3 VOB/B hat das OLG Nürnberg (Urteil vom 02.02.2005, Az. 6 U 2794/04) entschieden, dass eine Befreiung des Auftragnehmers von der Gewährleistungspflicht nach § 13 Nr. 3 VOB/B in dem Fall, dass der Auftraggeber die Verwendung eines bestimmten Baustoffs (hier: Natursteinplatten bei Fliesenarbeiten) vorgeschrieben hat, nur dann in Betracht kommt, wenn der Baustoff für den vorgesehenen Zweck von vornherein ungeeignet war. Im vorliegenden Fall war dies nicht gegeben, da die Parteien nicht davon ausgehen mussten, dass bei einer Verlegung dieses Materials grundsätzlich Verfärbungen auftreten.

Nach einer Entscheidung des BGH (abgedruckt in NZBau 2005, 456 – 458) wird der Auftragnehmer von der Haftung nur frei, wenn er die Prüfungs- und Hinweispflicht, wie sie der Regelung des § 13 Nr. 3 VOB/B zugrunde liegt, gewissenhaft erfüllt. Maßgeblich dabei ist, ob dem Auftragnehmer bei der von ihm als Fachunternehmer zu erwartenden Prüfung Bedenken gegen die Eignung des verwendeten Stoffes hätten kommen müssen. In diesem Fall ist er verpflichtet, auf die Bedenken hinzuweisen. Dieser Verpflichtung kann er sich grundsätzlich nicht dadurch entziehen, dass er auf seine fehlenden Erfahrungen und Kenntnisse hinweist. Vorliegend hatte der Auftragnehmer seine Hinweispflicht verletzt, da er bei der von einem Tiefbauunternehmen zu erwartenden gewissenhaften Prüfung die Gefährdung, die durch den Einbau von Müllverbrennungsasche entsteht, hätte erkennen können.

Das OLG Braunschweig hat entschieden (abgedruckt in NZBau 2004, 550 – 552), dass der Auftragnehmer von der Mängelhaftung nicht deshalb frei wird, weil er der Anweisung des Auftraggebers, von den Einbauvorschriften des Herstellers abzuweichen, gefolgt ist. Dies gilt jedenfalls dann, wenn der Auftragnehmer keine Bedenken gegen den vorschriftswidrigen Einbau angemeldet hat. Vorliegend hatte der Auftragnehmer auf Wunsch des Auftraggebers einen Regenwassertank 30 cm zu tief ins Erdreich gesetzt. Der Tank wurde später dadurch beschädigt. Insoweit hätte der Auftragnehmer den Auftraggeber auf die mit einer Überschreitung der vom Hersteller vorgegebenen maximalen Einbautiefe verbundenen Risiken hinweisen und eine Entscheidung abwarten müssen. Dies war vorliegend durch den Auftragnehmer nicht erfolgt.

Nach einer Entscheidung des OLG Düsseldorf (abgedruckt in BauR 2004, 99 – 101) kann die Hinweispflicht des Auftragnehmers nach § 4 Abs. 3 VOB/B in vollem Umfang entfallen, wenn der Auftraggeber durch einen von ihm eingeschalteten Fachmann über sämtliche gefahrenträchtige Gesichtspunkte aufgeklärt wurde, sodass der Auftragnehmer davon ausgehen konnte, dass der Auftraggeber in die Lage versetzt wurde, das mit der Beauftragung verbundene Risiko in vollem Umfang zu überblicken. Der Entscheidung lag zugrunde, dass für Betonsanierungsarbeiten die bauseitigen Voraussetzungen nicht geschaffen waren und es dadurch zu Mängeln am Objekt kam. Hierüber war der Auftraggeber von einem Fachmann jedoch informiert worden.

V. Weiße Wannen

1. Anerkannte Regeln der Technik

Die Ausführung von weißen Wannen aus Ortbeton mit genormten bzw. geregelten Fugenabdichtungen sowie weißen Wannen aus Fertigteilen ohne Fugen sind seit 1990 und weißen Wannen aus Elementwänden (Dreifachwänden) mit genormten bzw. geregelten Fugenabdichtungen seit 2000 allgemein anerkannte Regeln der Technik (vgl. Gottfried, C.O. Lohmeyer und Carsten Ebeling, Der Bausachverständige, 2007, S. 2 ff.) Grundlage ist die DAfStB-Richtlinie „Wasserundurchlässige Bauwerke aus Beton". (Unter Fachleuten war bis zum Inkrafttreten der WU-Richtlinie im Jahr 2000 streitig, ob Dreifachwände den anerkannten Regeln der Technik entsprechen. Auch nach Einführung sind unterschiedliche technische Sichtweisen vorhanden.)

Bedingt durch ein öffentliches Urteil des Landgerichts Berlin vom 29.07.2005 (LG Berlin, IBR 2006, 21) ist es in der technischen Fachwelt zu erheblichen Irritationen gekommen, inwieweit die Ausführung einer weißen Wanne den anerkannten Regeln der Technik entspricht. In diesem Verfahren, das vor dem Landgericht Berlin entschieden wurde, ging es um die Erstellung eines Einfamilienhauses unter Einschluss einer vollständigen Unterkellerung. Der in diesem Verfahren eingeschaltete Sachverständige hatte in seinem Gutachten ausgeführt, dass die Erstellung eines Kellers als reine WU-Beton-Konstruktion ohne zusätzliche Abdichtung gegen aufsteigende Feuchtigkeit nicht den anerkannten Regeln der Technik und nicht den vertragsgemäßen Erfordernissen entspricht. Dieses Verfahren wurde dann in der OLG-Instanz durch einen Vergleich beendet. Auf der Basis dieses Sachverständigengutachtens und der partiell im Leitsatz veröffentlichten Entscheidung ist es in der technischen Fachwelt zu erheblichen Diskussionen gekommen, inwieweit nunmehr aus juristischer Sicht eine WU-Konstruktion nicht mehr den anerkannten Regeln der Technik entsprechen soll. Festzuhalten bleibt, dass diese Entscheidung keinesfalls verallgemeinerungsfähig ist. Es ist vielmehr davon auszugehen, dass auch weiterhin die Ausführung einer weißen Wanne grundsätzlich den anerkannten Regeln der Technik entspricht. Anhand des Vertragssolls ist zu klären, ob die tatsächliche Ausführung den vertraglichen Vereinbarungen entspricht und deshalb ordnungsgemäß ist.

2. Vertragssoll

Für die Entscheidung, ob die Ausführung einer Abdichtung ordnungsgemäß ist, ist zunächst zwischen den unterschiedlichen Abdichtungsarten zu unterscheiden (wobei die Ausführung einer braunen Wanne bei dieser kursorischen Gegenüberstellung außen vor bleibt):

- nach der WU-Richtlinie kann die Ausführung einer weißen Wanne sowohl in der Nutzungsklasse A als auch in der Nutzungsklasse B erfolgen. Da bei der Ausführung der Nutzungsklasse A sehr viel Stahl verwendet wird, ist diese Ausführung sehr teuer und wird deswegen in der Praxis sehr selten ausgeführt. Die Variante B ist häufig kostengünstiger als die Ausführung einer Abdichtung nach der DIN 18195. Diese wird häufig ausgeführt, um Stahl und damit erhebliche Kosten zu sparen
- des Weiteren kommt auch die Ausführung einer schwarzen Wanne nach der DIN 18195 in Betracht.

Es ist jeweils zwischen dem Planenden und dem Bauherren zu klären, welche Nutzung beabsichtigt ist und welche Ausführung im konkreten Fall zu favorisieren ist. Die Ausführung einer weißen Wanne mit der Nutzungsklasse B kommt häufig zur Anwendung, um - wie dargelegt - Stahl und Kosten zu sparen. An dieser Stelle sollte der Architekt und Planer nicht nur darauf hinweisen, dass Risse auftreten werden, die häufig mit geringem Aufwand injiziert werden können. Er sollte diesen Umstand auch schriftlich dokumentieren. Auch das ausführende Unternehmen sollte bei Vertragsabschluss bereits klären, wer die Kosten der nachträglichen Injektage (häufig deutlich günstiger als die Ausführung der Nutzungsklasse A) trägt. Diese Varianten bieten sich häufig unter Berücksichtigung des erheblich gestiegenen Stahlpreises an.

Ganz entscheidend ist jedoch, wie letztendlich der Kellerbereich genutzt werden soll.

VI. Aktuelle Rechtsprechung

1. Überprüfungspflicht des Architekten bzgl. der Grundwasserverhältnisse

Der Architekt ist verpflichtet, sich nicht nur nach dem aktuellen Grundwasserstand zu erkundigen, sondern sich umfassend über die Grundwasserverhältnisse insgesamt zu informieren und die Planung des Bauvorhabens darauf auszurichten. Dies gilt jedenfalls dann, wenn in dem Baugebiet mit hohen Grundwasserständen zu rechnen ist. (OLG Düsseldorf BauR 2008, 142; OLG Düsseldorf NJW-RR 2003, 379).

In dem entschiedenen Fall hat der Architekt gegen diese Verpflichtung verstoßen, da er keine Erkundigungen eingezogen und sich schlicht darauf verlassen hat, dass in dem erweiterten Baugebiet andere Architekten ohne weiße Wanne gebaut haben. Da das Baugebiet ein grundwassergefährdeter Bereich war, hätte er sich zwingend über die Grundwasserstände informieren müssen und dann festgestellt, dass drückendes Wasser vorliegt und eine entsprechende Abdichtung vorgesehen werden muss.

Im entschiedenen Fall wurden die Kosten für die nachträgliche Erstellung einer weißen Wanne eingeklagt.

Der Architekt ist verpflichtet, sich nicht nur nach dem aktuellen Grundwasserstand zu erkundigen, sondern sich umfassend über die Grundwasserverhältnisse insgesamt zu informieren und die Planung des Bauvorhabens darauf auszurichten. Dies gilt jedenfalls dann, wenn in dem Baugebiet mit hohen Grundwasserständen zu rechnen ist. (OLG Düsseldorf BauR 2008, 142; OLG Düsseldorf NJW-RR 2003, 379).

2. Bei schlüsselfertiger Erstellung geschuldete Kellerabdichtung, Sowieso-Kosten

Der Unternehmer schuldet bei schlüsselfertiger Erstellung eine den anstehenden Wasserverhältnissen entsprechende Kellerabdichtung. Nur bei eindeutiger vertraglicher Vereinbarung einer bestimmten Abdichtungsart können dem Verlangen des Auftraggebers auf Kostenersatz Sowieso-Kosten entgegengehalten werden.

Fundstelle: OLG Celle BauR 1998, 801, 802

Das OLG Celle hat in der benannten Entscheidung festgehalten, dass

- der Unternehmer bei schlüsselfertiger Erstellung aufgrund seiner werkvertraglichen Erfolgshaftung eine den anstehenden Wasserverhältnissen entsprechende Kellerabdichtung schuldet, selbst dann, wenn eine bestimmte (unzureichende) Ausführungsart ausdrücklich vereinbart ist und
- auch Sowieso-Kosten nur dann in Betracht kommen, wenn eine bestimmte (unzureichende) Ausführungsart ausdrücklich und eindeutig vereinbart ist.

3. Abdichtung von Rohrdurchführungen

Die Verpflichtung, eine wasserdichte weiße Wanne zu erstellen, schließt notwendig die Verantwortung dafür ein, dass in einer Umfassungswand vorhandene Öffnungen sachgerecht/dicht verschlossen werden.

Fundstelle: OLG München NZBau 2002, 575

In dieser Entscheidung hat das OLG München klargestellt, dass der mit der Erstellung einer wasserdichten Konstruktion beauftragte Unternehmer auch vorhandene Öffnungen in den Außenwänden (z.B. für spätere Rohrleitungen) dicht zu verschließen hat.

Für die Dichtheit bleibt er daher so lange verantwortlich, bis die Öffnungen als Rohrdurchführung tatsächlich verwendet und die Leitungen dabei neu eingedichtet werden.

4. Zurechenbares Mitverschulden bei fehlerhafter Abdichtungsplanung

Die Planung einer ordnungsgemäßen Abdichtung obliegt grundsätzlich dem Architekten. Unterlaufen ihm Planungsfehler und weist er andere am Bau Beteiligte nicht auf anstehendes drückendes Wasser hin, sodass diese das Problem überhaupt erkennen (können), ist sein Verschulden dem Auftraggeber als Mitverschulden anzurechnen und kann ggf. sogar zum Ausschluss einer Haftung des Unternehmers wegen fehlender Bedenkenanmeldung führen.

Fundstelle: OLG Düsseldorf OLGR 1998, 362

Im entschiedenen Fall hatte der Architekt erkannt, dass im Grundwasser zu gründen war. Seine Planung sah jedoch keine WU-Konstruktion vor und es war auch nicht erkennbar, dass es sich um eine Ausführung gegen drückendes Wasser handeln sollte.

Der Architekt hat auch weder den Statiker noch den Werkunternehmer über das anstehende Grundwasser informiert.

Je nach Wissensstand hat das OLG Düsseldorf eine abgestufte Verantwortlichkeit von Statiker und Unternehmer festgestellt:

- der Statiker kannte zwar die konkrete Grundwasserproblematik nicht, hätte sie und damit die fehlerhaften Vorgaben des Architekten aufgrund seiner eigenen Ortskenntnisse erkennen können, sodass er mithaftete. Jedoch muss sich der Auftraggeber die fehlerhaften Vorgaben seines Architekten als Mitverschulden nach §§ 254, 278 BGB haftungsmindernd anrechnen lassen (aufgrund Kenntnis seines Architekten hier 70 % Mitverschulden)
- der Unternehmer hätte allenfalls wegen fehlender Bedenkenanmeldung (§ 4 Nr. 3 VOB/B) haften können; dies hat das OLG Düsseldorf jedoch abgelehnt, da
  - der Unternehmer anstehendes Grundwasser mangels Ortskenntnis oder hinreichender Anzeichen bei Errichtung nicht erkennen konnte und
  - er zudem die konkreten (mangels Grundwasserberücksichtigung fehlerhaften) Vorgaben des Statikers auch gar nicht hätte prüfen können oder müssen.

Autoreninformation

Rechtsanwältin Dr. Katrin Rohr-Suchalla ist Partnerin bei der bundesweit und international tätigen Wirtschaftskanzlei CMS Hasche Sigle mit Schwerpunkt im Bereich des Bau- und Immobilienrechts. Ein wesentlicher Teil ihrer Tätigkeit umfasst die ständige baubegleitende Beratung von Großbauvorhaben sowie die Betreuung von Prozessen und Schiedsverfahren. Sie ist von Stuttgart aus bundesweit beratend tätig.